MÉMOIRE

sur

LE CHOLÉRA-MORBUS.

MÉMOIRE

SUR LE

CHOLÉRA-MORBUS,

POUR SERVIR

A L'HISTOIRE DE L'INVASION DE CETTE MALADIE SUR LE TERRITOIRE FRANÇAIS,

Par M. Delpech de Frayssinet.

DOCTEUR EN MÉDECINE, MÉDECIN ORDINAIRE DES CAMPS ET ARMÉES, ANCIEN MÉDECIN DE LA GRANDE ARMÉE EN ESPAGNE, EN ALLEMAGNE, EN RUSSIE ETC., L'UN DES MÉDECINS DE L'ARMÉE D'EXPÉDITION D'AFRIQUE, EX-MÉDECIN DES HÔPITAUX MILITAIRES D'AIRE, DE PONT-A-MOUSSON ET DE METZ, PENDANT L'ÉPIDÉMIE DU CHOLÉRA, ACTUELLEMENT MÉDECIN EN CHEF DE L'HÔPITAL MILITAIRE DE LYON.

LYON,

THÉODORE PITRAT, IMPRIMEUR-LIBRAIRE,

Place de la Préfecture.

1833.

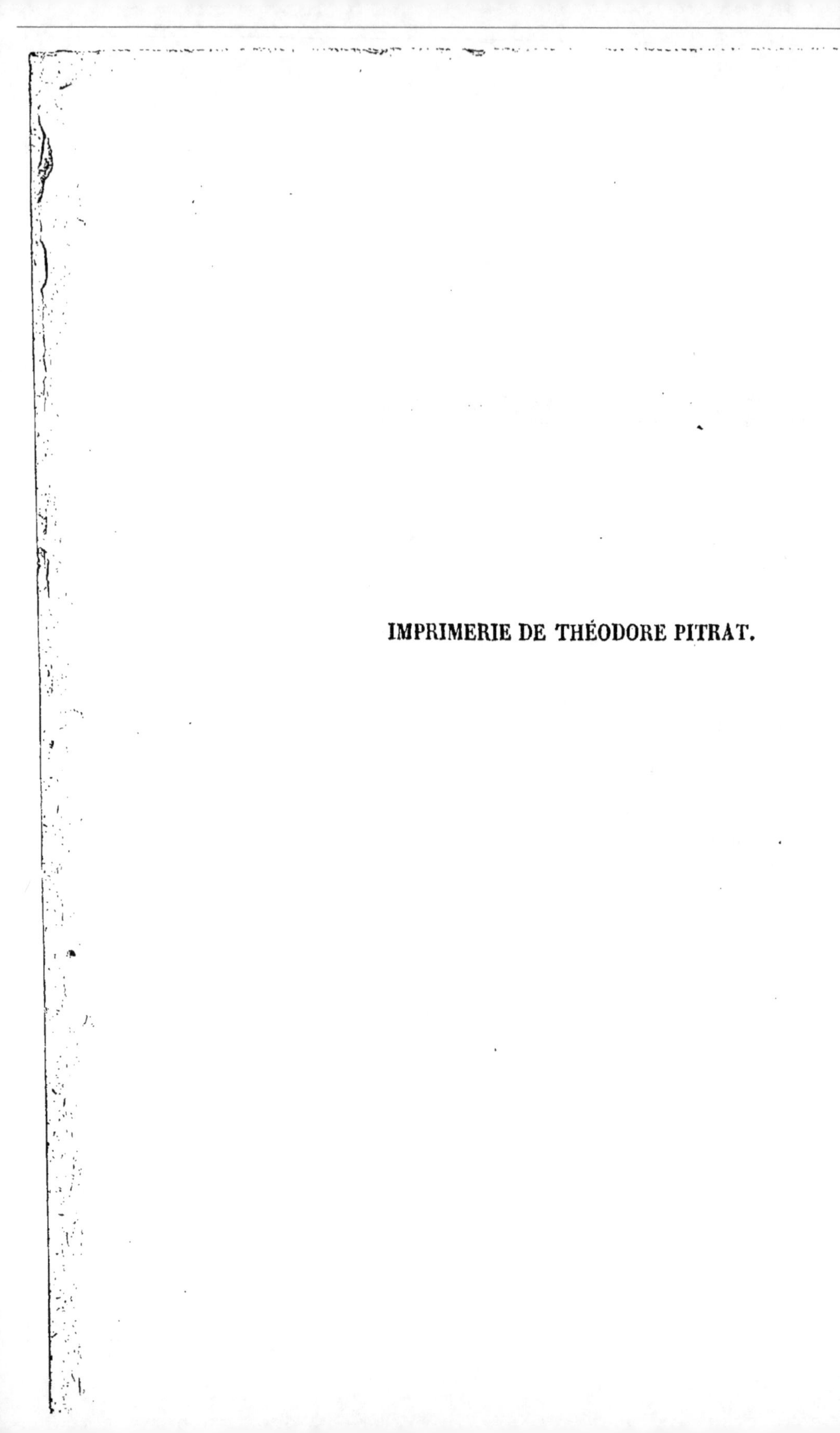

IMPRIMERIE DE THÉODORE PITRAT.

Jadis je suivis les guerriers de ma patrie sur les rivages fortunés du Guadalquivir, sur les bords glacés du Borysthène, et, plus tard, sur les sables brûlans de l'Arach. Depuis long-tems je suis accoutumé aux bénédictions du bon soldat de France ; mais jamais je n'ai été plus heureux que lorsque dans cette triste occurrence, j'ai vu errer sur ses lèvres le doux sourire de la convalescence et l'expression de la gratitude.. O ! vous tous qui habitez les délicieuses contrées où fut placé le berceau de mon enfance ; vous à qui je dus la vie et le bonheur ; vous, les compagnons de mes premiers jeux, de mes premiers plaisirs et de mes premières larmes, si le fléau cruel étend jusqu'à vous ses ravages, acceptez mon serment: Oui, je le jure par votre souvenir chéri, je le jure par les cheveux blancs de mon vertueux père, je viendrai vous prodiguer mes soins, vous consacrer mon dévoûment; je lutterai, corps à corps, avec l'ennemi qui vous menace, et si j'obtiens quelques succès, je serai doublement heureux, puisqu'ils tourneront au profit de mes plus chères affections!

Delpech de Frayssinet.

D. M.

DU CHOLÉRA-MORBUS.

Un épouvantable fléau a fait irruption en France et promène maintenant la désolation et la mort sur un tiers de ce beau royaume; le reste sera bientôt envahi (1). Assez d'autres ont dit d'où il était parti, quelle route il avait suivie, quels climats il avait dévastés. Il est certain que le choléra-morbus nous est venu de l'Angleterre; voilà ce qu'il nous importe de savoir. Il est certain qu'il existait sur le littoral de la Manche dès le mois de décembre dernier; voilà ce que nous espérons prouver jusqu'à l'évidence. C'est à tort, et peut-être pour des motifs qui tiennent à des considérations politiques, que l'on a avancé et affirmé que le choléra - morbus

____

(1) Au moment où j'écrivais ces lignes, le choléra faisait d'affreux ravages dans les départemens du Nord, de l'Est et de l'Ouest. Il avait déjà paru à Bordeaux et à Arles; et si sa marche rapide semblait justifier mes tristes prévisions, plaise à Dieu que notre sécurité actuelle ne soit point interrompue par de nouvelles craintes!

avait éclaté spontanément à Paris, et que,
pour la première fois depuis qu'il s'est mis
en voyage, il avait franchi d'un seul bond
un espace de cent lieues, pour venir dévo-
rer tout-à-coup la population de la capitale
de la France. C'est une assertion erronée : le
choléra a suivi ses habitudes et marqué son
passage; mais il s'est hâté d'arriver, de peur
qu'une administration prévoyante ne lui dis-
putât sa proie. Hélas ! on n'avait pas même
élevé contre lui une simple barrière, et le
fléau dévastateur n'a point rencontré d'obs-
tacles, ni sur sa route, ni aux portes de Paris.
Il est arrivé, il s'est établi, et il continue
ses envahissemens. Il a fallu , pour absoudre
l'autorité, proclamer des assertions menson-
gères , et leur donner force de vérité aux
yeux des masses populaires. A Dieu ne plaise
que j'accuse ici les intentions ! je connais les
embarras, et les difficultés des positions élevées, et, puisqu'il faut le dire, l'administration entravée dans sa marche par les obs-
tacles de l'intérieur, par les manœuvres des
perturbateurs et par les craintes du dehors,

ticulière et la manière d'être des peuples qui en ont été les victimes. Il n'existe pas un laboureur qui ne dise à ses enfans qu'un fléau n'arrive jamais seul, que les révolutions sont toujours accompagnées de troubles ; qu'elles entraînent toujours après elles la guerre, la famine et la peste, et que les hommes doivent trembler à l'apparition de la terrible comète (1) !

Dans l'état actuel des sociétés européennes, les causes inconnues qui préparent les hommes à la régénération, à la liberté et peut-être à la barbarie, ne les prépareraient-elles pas, en même tems, à devenir la proie de ce cruel fléau, de ce principe destructeur, dont l'action paraît si directe sur l'appareil nerveux ? Et l'effet des grandes commotions politiques ne se fait-il pas ressentir chez le plus obscur des citoyens, avec autant de

---

(1) Les craintes superstitieuses produites par les apparitions des comètes ou des météores lumineux sont encore enracinées chez les peuples méridionaux, et nos paysans catholiques ne le cèdent en rien sous ce rapport aux laboureurs païens dont Virgile a chanté les croyances et les terreurs.

force que chez celui dont le génie affran-
chit sa patrie de l'épouvantable joug de l'a-
narchie ou des chaînes du despotisme? Cette
prédisposition, que des causes extraordinaires font naître chez les hommes, en les
soumettant à tels ou tels agens physiques,
appartient au haut domaine de la physiologie générale. Le savant M. Lafon-Gouzy,
de Toulouse, a traité à fond cette matière
importante dans son excellent livre : *De
l'homme considéré dans ses rapports physiologiques avec l'état politique et social.*
C'est à vous, Messieurs (1), dont les lumières
et l'expérience ont élargi le domaine de la
science, qu'il appartient de résoudre ces
hautes questions. Quant à nous, que le gouvernement a investi d'une honorable confiance, nous devons nous borner à vous
transmettre le résultat modeste de nos observations; heureux si vous voulez bien sous-
crire à nos efforts, et nous encourager de
votre approbation.

----

(1) Ce Mémoire a été adressé à l'Académie royale de
médecine et au Conseil de santé des armées.

Avant d'énoncer les faits qui nous ont invinciblement prouvé *l'existence du choléra-morbus sur le littoral de la Manche, plusieurs mois avant qu'il n'éclatât à Paris*, qu'il nous soit permis de dire quelques mots sur le mode d'invasion, ou plutôt sur le mode de susception de cette cruelle maladie.

DE LA CONTAGION.

La question de la contagion par rapport à certaines maladies n'est réellement devenue une polémique générale, qu'à l'époque de l'apparition de la fièvre jaune à Barcelonne en 1822. Alors l'Espagne était en proie à une révolution; alors le gouvernement français, dont l'arrière-pensée était d'arrêter les progrès de cette révolution, ne cherchait qu'un prétexte pour rassembler une armée sur les frontières de la Péninsule. Cette armée fut en effet organisée sous le nom de *cordon sanitaire*. Le parti libéral français, qui peut-être n'était point étranger à la révolution d'Espagne et qui faisait dans nos chambres législatives tous ses efforts pour empêcher une guerre qui devait renverser les espé-- rances des constitutionnels espagnols, voulut enlever au moins tous les prétextes, et il suscita des hommes de lettres, des médecins qui, soit que leur conviction fût d'accord avec leurs opinions, soit qu'ils fussent complaisans, soulevèrent la question de la *non-contagion* : question qui, comme on le voit, était alors bien plus politique que médicale. Il est même encore douteux qu'elle ait été traitée de bonne foi par tous ceux qui publièrent leurs écrits. La plus remarquable de ces productions fut un Mémoire de M. Devèse, médecin, qui avait long-tems vécu dans les Antilles, et qui s'était fait quelque célébrité médicale dans une ville du Midi. Le haut commerce, qui trouvait son intérêt dans cette doctrine, en favorisa surtout la propagation. Le Mémoire de M. Devèse et bien d'autres furent colportés en profusion sur tous les points du royaume et distribués gratuitement à toutes les classes de citoyens ; ce qui rendait le motif des rédacteurs suspects aux gens de l'art et à tous les hommes raisonnables. Nous avons vu nous-même en 1822, dans plusieurs villes du Midi, des voyageurs du commerce dont les chaises de poste étaient plus chargées de ces écrits que des échantillons de leurs marchandises. Les journaux de l'opposition étaient remplis d'articles dans lesquels la doctrine de la non-contagion était préconisée, et non-seulement les magistrats des localités rurales recevaient gratuitement ces journaux, mais même on les adressait à toutes les notabilités sociales des villes et des campagnes. On conçoit une opinion médicale franche-ment énoncée, lors même qu'elle contient des erreurs ; mais on ne conçoit pas que des médecins honorables prêtent leur plume aux passions ou aux partis. Il est déplo-rable de voir les plus hautes questions du dogme médical servir d'instrument à la poli-tique et souvent même aux factions, et cesser d'être des discussions savantes pour devenir une misérable controverse de carre-four ou de place publique. Peut-on raison-

nablement supposer que l'espèce humaine ,
qui a passé successivement par tant de pha-
ses lucides où le génie a surpris pour ainsi
dire la nature dans ses secrets , ait vécu
pendant tant de siècles sous l'empire d'une
science qui, au lieu d'être conservatrice, n'aurait été qu'une longue et funeste erreur bien
plus dangereuse aux hommes que les fléaux
destructeurs qu'elle était appelée à combattre ? Paradoxe absurde, qui n'a pas même besoin d'être réfuté. Demandez au triste habitant de la malheureuse Barcelonne, si la maladie qui décima sa population était contagieuse? Il vous montrera , pour vous répondre, d'immenses cimetières, de jeunes vierges
en pleurs embrassant ce gazon qui couvre
toute leur famille; et cette croix modeste
dressée sur la tombe d'un jeune médecin
français, modèle de courage , de dévoûment
et de piété filiale (1) !

---

(1) En 1824, les officiers de santé de l'armée française
firent élever un monument funèbre au jeune Mazet, leur
noble compatriote. Les chambres avaient accordé à sa mère une récompense nationale par une loi de l'état.

En 1830, nous avons séjourné quelque tems à *Palma*, capitale de l'île de Mayorque. Cette ville et l'île furent entièrement ravagées, il y a vingt-cinq ans, par la peste d'Orient, et plus tard, il y a environ douze ans, par la fièvre jaune ; nous avions été chargé par une société de médecins français, nos compatriotes et nos amis, de prendre des informations sur le mode d'invasion de ces deux épidémies. Il nous fut aisé d'avoir des renseignemens précis auprès des magistrats, des membres du clergé, des citoyens notables, surtout de deux médecins distingués : l'un, M. Trias, médecin en chef de l'hôpital général de Palma, qui pratique la médecine physiologique et qui a traduit dans la langue espagnole plusieurs ouvrages français qui proclament cette doctrine; l'autre, M. Robecqui, docteur de l'université de Pavie, fixé depuis long-tems dans ces délicieuses contrées. Nous nous convainquîmes que les deux épidémies avaient été importées : la première, par un vaisseau de Smyrne qui avait à bord des pestiférés ; la seconde par un vaisseau arrivé de l'île de Cuba, qui déposa au lazaret de Palma plusieurs hommes de son équipage atteints de la fièvre jaune. Ces deux maladies se répandirent avec une effrayante rapidité. La première fit dans l'île plus de vingt-cinq mille victimes ; la seconde en fit neuf mille et quelques cents dans la seule ville de Palma : cette ville renfermait quarante-cinq mille habitans , c'est presque un quart de sa population. Il existe encore, dans la circulation commerciale de l'île de Mayorque, une grande quantité de pièces d'argent, de la grandeur et de la valeur d'un *douro*. Elles sont unies et portent seulement cette légende : *Chapitre cathédral de Palma , secours pour les pauvres pestiférés.* Honneur aux prêtres philantropes qui firent un si noble usage du trésor de leur magnifique basilique ! L'évêque et les chanoines de Palma firent fondre les deux tiers de la somptueuse argenterie de leur église,et avec l'autorisation de leur souverain ils firent frapper cette monnaie qui fut toute distribuée à la classe indigente , victime de l'épidémie.

13

On pardonnera cette digression en faveur
de l'intérêt qu'inspire toujours une action
noble et généreuse (1).

____

(1) M. le docteur Thouvenel de Pont-à-Mousson , membre de la chambre des députés , homme distingué par ses
lumières et sa haute expérience , nous a fait part d'une
observation intéressante , qu'il donnait comme une preuve de *non-contagion* , parce qu'elle en est une de non-im-
portation , dans le cas dont il s'agit.

Il existe dans les Vosges , nous avons oublié le nom de
la localité, un étang considérable , qui , pendant la sai-
son des pluies , déborde dans les prairies qui l'environ-
nent et qui quelquefois est mis à sec pendant les fortes
chaleurs. Les habitans des villages voisins sont soumis à l'influence endémique des fièvres intermittentes.
Cet étang déborda il y a quelques années pendant le
tems de la récolte des foins, et la crue d'eau fut si rapide
que non-seulement cette récolte , mais même des trou-
peaux entiers furent engloutis. Le tems des chaleurs arriva et l'étang fut bientôt desséché ; mais sur ses bords
étaient rassemblés une immense quantité de débris de
végétaux et de substances animales en putréfaction , comme les cadavres des animaux noyés , le frai des poissons
et les poissons eux-mêmes. La fièvre intermittente qui affli-
geait les riverains de ce vaste réservoir éprouva une complication aussi extraordinaire qu'insolite ; l'ictère se déclara chez eux avec des vomissemens de matières noires ,
et la mortalité devint effrayante. Une nouvelle crue d'eau
vint , après un certain tems , couvrir tous ces débris empestés , et la maladie reprit bientôt son type primitif-

L'objection banale et cent fois ressassée que les médecins seraient atteints en plus grand nombre, si telle ou telle maladie était contagieuse, tomberait bientôt d'elle-même; si tels ou tels médecins, qui prétendent avoir fait de courageuses expériences, vou-

---

Nous savons que plusieurs médecins distingués qui, après avoir vécu en Amérique et traité la fièvre jaune, ont écrit sur cette maladie, lui assignent, pour cause primitive, la grande quantité de débris de végétaux, de poissons et de mollusques, etc., que la mer jette sur ses côtes pendant les orages de la brûlante canicule. La même cause peut amener ailleurs le même résultat, en produisant les mêmes combinaisons miasmatiques ; mais, en bonne foi, cette observation, qui ne sert qu'à faire connaître une des causes primitives de l'épidémie, peut-elle servir à établir une preuve en faveur du système de la non-contagion ! Est-il démontré que l'habitant des Vosges, qui était en proie à la fièvre jaune, ne pouvait la transmettre à son voisin ou la transporter et la propager dans une autre localité qui aurait été soumise aux mêmes influences morbifiques ? La fièvre jaune, lorsqu'elle a été transportée en Europe, n'a jamais fait de ravages que sur le littoral des mers. Là seulement elle a été propagée et entretenue par une partie des causes qui l'avaient fait naître ailleurs, et nous sommes bien loin de nier que ces mêmes causes ne puissent la faire éclore dans toutes les localités où elles seront réunies, et où elles trouveront en outre les conditions inconnues de sa propagation.

laient faire une confession de bonne foi (1) ;
d'ailleurs il me paraît prouvé que le nombre des médecins, des infirmiers et des garde-malades qui ont péri ou qui ont été frappés dans les diverses contagions est en général au-dessus de la proportion des morts
ou des malades ordinaires. La chose est vraie
du moins dans les diverses épidémies dont
j'ai été le témoin. Je dirai plus tard combien de médecins, de chirurgiens et de pharmaciens militaires périrent pendant l'affreuse
épidémie de Pampelune en Espagne, en 1808,
pendant celle de Wilna en 1812, de
Torgau, de Wittemberg en 1813, et de
Mayence en 1814. Tout récemment à Aire,
département du Pas-de-Calais, M. Bonnard, chirurgien major du 5.e régiment
de dragons ; ses aides-majors, MM. Godfroy et Huiliot; MM. Bouteaux, chirur-

(1) A Dieu ne plaise que nous prétendions atteindre ici
ces hommes courageux dont le dévoûment est devenu un
titre de gloire nationale ! L'histoire imprimera sur des
tables immortelles le nom de Desgenettes s'inoculant la peste à la tête de l'armée d'Egypte, comme celui de d'Assas
mourant pour son pays.

gien civil de l'hospice, et Blondot, élève de l'établissement, ont été pris des symptômes du choléra après l'ouverture du cadavre d'un cholérique, sept heures après sa mort ; nous-même fûmes aussi atteint de vomissemens , de crampes et de diarrhée. M. Bonnard , deux mois après une cruelle maladie , suite du choléra, traîna une convalescence longue et pénible. M. Bouteaux a été aux portes du tombeau, et MM. Godfroy, Huiliot et Blondot ont été très-malades, quoique moins gravement saisis. M. Goutt, chirurgien sous-aide-major, attaché à notre service, fut le seul qui ne fut point atteint.

Elles étaient contagieuses ces maladies cruelles qui moissonnaient nos soldats pendant les grandes guerres de l'Empire, ces fièvres adynamiques et typhoïdes , ces typhus hyctérodes , ces affections dyssentériques. Cependant elles étaient locales , quoique presque toujours importées par les évacuations continuelles des malades qui refluaient d'un hôpital sur l'autre. La peste de

PREMIERE SERIE

DES OBSERVATIONS.

PREMIÈRE OBSERVATION.

BOYER, (François) *soldat au* 39.e *de ligne.*

Le 3o novembre 1831, je fus appelé à la caserne d'infanterie pour visiter le nommé Jean-François Boyer, fusilier au 39.e régiment de ligne, tombé subitement malade. Je le trouvai étendu sur un lit, en proie à une violente cardialgie, accompagnée de symptômes extraordinaires. Il éprouvait des convulsions, et ses membres se roidissaient parfois comme ceux d'un homme en proie à une affection tétanique. Il ressentait des crampes violentes et douloureuses aux bras, aux jambes et aux muscles de la région dorsale, avec des tiraillemens intérieurs qui lui faisaient pousser les hauts cris. Ses membres étaient froids, sa face détériorée et couverte d'une sueur froide et visqueuse, ses yeux caves et entourés d'un cercle bleu, et la couleur de sa peau était livide et plombée. Il éprouvait de fréquentes nausées, et vomissait de tems en tems des matières, tantôt limpides, tantôt verdâtres, mêlées de mucosités blanchâtres. Il avait aussi été saisi d'une diarrhée spontanée, et ses déjections étaient de la même nature. Son pouls était absolument nul, et la circulation paraissait presque interrompue chez lui. Tous ces accidens lui étaient survenus subitement, et je me convainquis que ce jeune militaire, d'ailleurs sobre, avait à peine mangé ce jour-là. Son tempérament paraissait pléthorique. Transporté à l'hôpital, je le fis isoler; une saignée et une forte application de sangsues furent de nul effet, n'ayant procuré qu'une petite quantité de sang; alors, soupçonnant le choléra, soit spasmodique, soit sporadique, je fis envelopper le malade dans des couvertures chaudes. Je lui administrai quarante grains d'ipécacuanha en quatre doses, aiguisées chacune d'un demi-grain de tartre stibié, et données de demi-heure en demi-heure ; ses membres furent long-tems et fortement frictionnés avec des étoffes de laine, imbibées d'alcool camphré, saturé de teinture, de cantharides et d'alcali volatil. Il buvait des infusions légères de mélisse et de camomille, et prenait de tems en tems un quart de lavement avec l'amidon et l'extrait gommeux d'opium, à petites doses. Peu à peu le pouls se releva, la chaleur revint à la périférie, la diaphorèse s'établit, et les crampes diminuèrent. C'était six heures après l'invasion. Je jugeai alors à propos de calmer les vomissemens avec la potion anti-émétique de Rivière, et j'y réussis. Mon but, en employant les émétiques, n'avait été que de les appliquer comme contre-stimulans. La nuit fut tranquille et le malade dormit pendant quelques heures. Les symptômes, sauf les vomissemens, reparurent le lendemain avec quelque intensité et beaucoup de somnolence. Des sangsues à l'anus et à l'épigastre, les frictions recommencées, les boissons avec la

mélisse et la camomille, des potions diaphorétiques avec quelques gouttes d'acétate
d'ammoniaque et un grain d'extrait gommeux
d'opium, ramenèrent encore le calme et la
diaphorèse. La diarrhée cessa, le second jour,
par l'emploi des lavemens mucilagineux et
opiacés, et il ne restait à ce jeune militaire
rien de son premier état, qui s'était converti
en une gastrite ordinaire, avec quelque tendance à un raptus à la tête, des coliques et
des paroxismes fréquens (*gastro - entéro-
céphalite.*) Les moyens appropriés à cet
état furent appliqués, et le malade alla tous
les jours de mieux en mieux. Le neuvième
jour, il éprouva une contrariété, ayant été
faussement accusé par un de ses camarades
de lui avoir dérobé un couteau : il eut un
accès violent, avec quelques-uns des symptômes primitifs; mais cet accès, purement
nerveux, fut de peu de durée, et le malade
sortit de l'hôpital le 27 décembre, guéri,
mais faible et bien détérioré.

Les compagnies du 39.e qui étaient en
garnison à Aire partirent dans le mois

de janvier, et les chambres qu'elles occupaient à la caserne restèrent vides jusques à l'arrivée d'un détachement d'artillerie, qui s'y logea.

DEUXIÈME OBSERVATION.

ROSSIGNOL, *canonnier au* 8.ᵉ *régiment.*

Le huit février, à dix heures du soir, je fus appelé au quartier pour un canonnier, nommé ROSSIGNOL, du 8.ᵉ d'artillerie. *Je ne fus pas médiocrement surpris de le voir dans la même chambre et sur le même lit où avait été couché le soldat du* 39.ᵉ *dont je viens de parler, et en proie à la même affection, avec les mêmes symptômes et les mêmes signes extérieurs ;* seulement celui-ci n'avait pas éprouvé de diarrhée ; mais les nausées convulsives étaient encore plus fréquentes que chez le précédent. Ce malade avait à peine mangé dans la journée, et monsieur de la Patrière, commandant le détachement dont il faisait partie, me le signala comme le soldat de sa compagnie qui avait la conduite la plus régulière. Ses éjections étaient limpides, mêlées de substances blanches et muqueuses ; son pouls s'éteignait de moment en moment, et il éprouvait une soif ardente. Ses extrémités commençaient à se refroidir et il ressentait les crampes les plus douloureuses à tous les muscles volontaires. Transporté à l'hôpital, une forte application de sangsues à l'épigastre amena du calme ; et des frictions excitantes, des boissons composées avec la manthe, la mélisse et de l'acétate d'ammoniaque produisirent une diaphorèse. Il prit anssi deux grains d'extrait gommeux d'opium. La réaction établie se soutint pendant toute la nuit ; on arrêta le vomissement avec la potion de Rivière, et le lendemain le malade était sans souffrance, mais dans un extrême abattement. Sa figure n'était plus détériorée, ni ses yeux enfoncés et immobiles, comme la veille. Des taches violacées, que nous avions observées sur sa peau livide, avaient disparu ; la chaleur et la transpiration se soutenaient, mais il éprouvait dans tous les muscles, des tiraillemens semblables à ceux que ressent une personne soumise à l'action de la pile galvanique. On lui fit une légère saignée, on continua les moyens calmans et diaphorétiques, et, le 14 du même mois, le canonnier Rossignol sortit de l'hôpital en pleine convalescence. Nous l'avons revu, deux mois après, entièrement guéri, mais la maladie a détérioré son tempérament. Il était gras, coloré, d'une complexion plé thorique ; il est, aujourd'hui, maigre, pâle et faible. La similitude de ces deux affections, la spontanéité de leur invasion, la circonstance qui a rendu ces deux hommes malades sur le même lit et dans le même local, me déterminèrent à faire purifier et désinfecter la chambre de la caserne, dans laquelle ces deux accidens étaient survenus, ainsi que le fourniment qu'elle renfermait,

TROISIÈME OBSERVATION.

LAURIN (Jean-Baptiste), *grenadier au* 33.ᵉ *de ligne, tempérament pléthorique.*

Ce militaire entra à l'hôpital le 1o fevrier, atteint d'une méningite qui fut guérie en quelques jours par les moyens antiphlogistiques.

Le 21 du même mois, il rendit son billet pour sortir le lendemain. Vers les dix heu‹ res du soir, il demanda un bouillon ; au matin il était mort, sans que les malades couchés à côté de lui l'eussent entendu pousser la moindre plainte. Les couvertures de son lit étaient à peine dérangées et sa tête reposait sur sa main droite. La gauche était roidie contre l'épigastre qu'elle semblait saisir et presser; les muscles de son visage étaient extrêmement retirés; ses joues étaient couvertes de taches pourprées et brunes ; sa face hideuse, bleue et entièrement détériorée; ses yeux étaient très-enfoncés dans leur orbite et ouverts; son corps était comme plaqué d'autres taches larges et violacées. L'autopsie nous montra les phénomènes suivans : le cerveau parfaitement sain, et n'offrant aucune trace de phlogose; les poumons infiltrés de sang noir, épais, désoxigéné, point coagulé et sans fébrine; le cœur flétri et obstrué de sang caillé, ainsi que l'oreillette gauche. La muqueuse de l'estomac couverte de taches rouges et tapissée de mucosités blanches presque semblables à des râclures membraneuses; l'épiploon flétri, tous les intestins et le péritoine dans un état peu marqué de phlogose, et l'on remarquait quelques nuances noirâtres sur la partie ascendante du colon; le rectum renfermait des excrémens solides. Dans les autres intestins nous remarquâmes des matières liquides semblables à du riz cuit. Le foie et les autres viscères étaient dans l'état normal, sauf la vessie qui était singulièrement rapetissée. Il est évident que le siége du mal qui a ôté la vie au malheureux Laurin était dans le tube digestif, intéressé dans toute son étendue ; mais il est difficile de concevoir la spontanéité et la rapidité de cette affection qui, en si peu de tems, a fait de si grands ravages sur l'organisation de l'individu ; ici il est impossible d'admettre l'idée d'un empoisonnement, et cette idée rejetée, il faut croire au choléra-morbus, *sec et foudroyant*, et ces qualités n'appartiennent pas au choléra sporadique.

Au reste nous avons vu plus tard, lors de l'invasion générale de la maladie, dans tout le Nord, les cholériques saisis spontanément de tous les symptômes du mal, perdre en même tems la parole et ne plus la recouvrer.

QUATRIÈME OBSERVATION.

DAVAL (Jean-Baptiste), *grenadier au même régiment.*

Le nommé DAVAL (Jean-Baptiste), grenadier au même régiment, d'un tempérament bilieux et sanguin, entré à l'hôpital pour une blessure au pied, fut saisi, le 18 février au soir, d'une violente cardialgie, avec vomissemens et diarrhée ; il éprouvait des crampes douloureuses aux muscles des bras et des jambes, et à peu près les mêmes symptômes que les deux premiers malades dont j'ai parlé, mais à un moindre degré d'intensité. Les moyens employés pour les autres ramenèrent le calme , la chaleur et la transpiration, et dans peu de jours il fut convalescent ; mais il traîne depuis une triste existence et il a fallu le réformer.

CINQUIÈME OBSERVATION.

BONNET, *soldat au même régiment.*

Le nommé BONNET, soldat au même régiment, fut apporté à l'hôpital, le 29 février, avec tous les symptômes du choléra : vomissemens de matières aqueuses, mêlées de substances blanches et floconneuses ; diarrhées avec déjections de même nature ; crampes à tous les muscles volontaires, cianose, enfoncement des yeux, aplatissement du ventre, stase du sang, absence du pouls, froideur des membres, de la langue et de la respiration, collapsus général, oppression, contraction des pupilles, signes de l'asphyxie; enfin le *summum* de la période algide du choléra, négligé au moment de l'invasion. Tous les moyens furent inutiles ; le malade mourut dans vingt-quatre heures. Les signes de la cadavérisation étaient évidens plusieurs heures avant sa mort. (Autopsie.) Le cerveau injecté sur tout le cervelet; la muqueuse de l'estomac couverte de taches, d'un rouge vif et de mucosités blanches ; la poitrine inondée de sang noir, épais et sans fébrine, les poumons en étaient infiltrés; les gros intestins remplis de matières presque limpides mêlées de ces mêmes mucosités blanches et floconneuses ; le foie, la rate et les autres viscères abdominaux dans l'état normal ; le cœur et l'oreillette gauche obstrués de caillots de sang noir, la vessie était rapetissée et retirée sur elle-même.

SIXIÈME OBSERVATION.

CLAINN , alsacien, également du même régiment.

Le nommé CLAINN, alsacien, également du même régiment, d'un tempérament limphatique, était à l'hôpital depuis vingt jours, et convalescent d'une seconde rechûte de fièvre ataxique. Il fut saisi du choléra le vingt de février avec tous les symptômes déjà décrits, et mourut en six heures; l'autopsie confirma nos prévisions sur le genre de sa dernière maladie et de sa mort.

SEPTIÈME OBSERVATION.

MOLIN , dragon au 5.ᵉ régiment.

Le nommé MOLIN, du 5.ᵉ régiment de dragons , entra à l'hospice avec tous les symptômes d'une violente gastrite , le 24 février. Le 28 il fut spontanément saisi de vomissemens, de diarrhée, de crampes douloureuses, et d'une violente céphalalgie; la cianose commençait à se manifester chez lui, et ses yeux devinrent caves; cependant le pouls se soutenait encore, ainsi que la chaleur. A mon insu Molin avait quitté la salle où il était auparavant, et s'était couché dans le lit où le nommé Clainn était mort la veille. Les moyens stimulans et diaphorétiques furent employés, et l'on se disposait à provoquer une émission sanguine, lorsque le malade éprouva une hémorrhagie nasale si abondante, qu'après avoir perdu environ six livres de sang, on fut obligé d'opérer le tanponnement par les fosses nasales, par le moyen de la sonde de Bouloc. Les symptômes du choléra disparurent le 2 mars, et, après une convalescence longue et pénible, le dragon Molin, presque tombé dans le marasme, vient d'obtenir sa réforme. Voici ce que j'écrivis alors au Conseil de santé des armées, en lui adressant un second rapport, sur les cas ci-dessus énoncés: « Presque tous » les soldats qui entrent à l'hôpital d'Aire, » y viennent atteints d'une affection qui » porte principalement son action sur les

» parotides ou les amygdales (les oreil-
» lons). Au bout de deux ou trois jours, les
» signes d'une violente gastrite se manifes-
» tent avec des vomissemens ; et chez quel-
» ques-uns la diarrhée spontanée survient
» avec de violentes coliques : les saignées
» générales et locales, les ventouses : les
» frictions alcooliques, éthérées, les vésica-
» toires à l'extérieur et à l'intérieur, les cal-
» mans et les diaphorétiques, ramènent assez
» promptement la maladie à son état primi-
» tif. L'épidémie ou plutôt l'infection me
» paraît démontrée dans l'établissement ;
» je me tais encore sur l'assertion impor-
» tante de la contagion, malgré quelques
» faits concluans en faveur de cette opinion.
» MM. les membres du Conseil de santé
» peuvent avoir observé, par mes deux rap-
» ports, la réserve que j'ai mise dans mes
» communications et elle a dû être ap-
» préciée par eux. Cependant ils ont dû
» s'apercevoir que mes observations m'in-
» duisaient plutôt à une opinion fixe qu'à
» un doute sous le rapport de l'invasion du

» fléau tant redouté, et aujourd'hui je n'hé-
» site pas à appeler la maladie que j'ai ob-
» servée , le *choléra-morbus asiatique ou*
» *spasmodique.* »

Voici encore des faits observés avant que l'apparition du choléra ne fût constatée à Paris.

HUITIÈME OBSERVATION.

MEUNIER, *soldat au 33.ᶜ de ligne.*

Le nommé MEUNIER , soldat au 33.e de ligne , entré à l'hôpital , le 23 février , avec une fièvre intermittente qui dégénéra bientôt en fièvre typhoïde.

Ce jeune militaire était d'un tempérament sanguin , il avait de l'embonpoint et de la force. Il fut traité d'abord par les moyens antiphlogistiques , et étant tombé dans un état complet d'adynamie , on eut recours aux moyens énergiques antiseptiques et aux révulsifs , qui amenèrent bientôt la cessation de tous les symptômes, et le quatorzième jour de l'invasion de la maladie,

ladie , le malade entra en convalescence.
Le 16.ᵉ jour , à ma visite du matin , je re-
marquai que la main gauche du malade était
considérablement tuméfiée et recouverte
de plaques violettes ; l'enflure s'étendait
sur tous les muscles de l'avant-bras. Le malade était d'ailleurs en bon état , il deman-
dait même à manger avec beaucoup d'in-
sistance. A ma visite du soir , à 3 heures ,
je m'entretins avec lui , et il se félicitait
de sa guérison , avec un air et un sentiment
de gaîté non équivoques. Ceci se passait
en présence de monsieur Godfroy , aide-
major au 5.ᵉ régiment de dragons ; je quittai mon convalescent pour continuer ma
visite dans les salles de l'étage supérieur ,
toujours accompagné de M. Godfroy ; un
quart-d'heure après on vint m'avertir que le
soldat Meunier se mourait. Revenu auprès
de lui , nous le trouvâmes dans des convulsions affreuses. Sa face était d'une horrible
pâleur , ses yeux entourés d'un cercle livide
se cavaient, pour ainsi dire, à vue d'œil ; il

était inondé d'une sueur froide et visqueuse,
et éprouvait dans les bras , dans les jambes
et surtout aux muscles du dos , des crampes
violentes et douloureuses. Sa voix d'ailleurs
claire et sonore était , dans un si court
espace de tems, devenue faible et cassée ,
à peine pouvait-il articuler quelques mots ;
tout son corps était couvert de taches brunes
et violacées ; la circulation était entièrement
interrompue. Le malade avait des nausées
fréquentes , mais ne vomissait pas. Il fut
également bientôt saisi de la diarrhée et il
rendait des matières presques claires, mêlées
de mucosités blanches ; les signes de la cadavérisation augmentaient de minute en minute. Ce jeune homme était très-pléthorique;
on tenta, mais sans succès , des saignées et
des applications de sangsues ; des frictions
stimulantes furent appliquées avec force et
continuité. On appliqua le long de la colonne
vertébrale des linimens composés avec
la teinture de cantharides , l'alcali et la dis-
solution de nitrade d'argent. Un calme mo-

mentané succéda à cet état désespérant, mais
sans amener de diaphorèse. Le malade éprouvait, de tems en tems, des suffocations; on
tenta encore d'appliquer des sangsues à l'a-
nus et aux jugulaires; on mit des cataplasmes synapisés sur ses pieds, et l'on pratiqua
des ventouses scarifiées sur toute l'étendue
de la poitrine et sur l'épigastre. A six heures,
les souffrances étaient diminuées. Le malade parla tout haut et déclara qu'il éprouvait à l'estomac des douleurs intolérables,
et que souvent sa respiration était inter-
ceptée. Le pouls reparut un peu, mais
petit, fréquent, misérable et entrecoupé.
On tenta encore la saignée qui ne produisit
guère que deux onces de sang; il fut impossible d'en faire couler davantage. A 8 heures du soir, le malade mourut asphyxié.

L'autopsie fut faite le lendemain, en ma
présence, par M. Godfroy, et le cadavre fut
examiné avec la plus scrupuleuse attention.
Ce que nous avions présumé nous fut con-
firmé : le soldat Meunier était mort du
choléra-morbus : la stase du sang dans les

veines de l'intérieur , une grande quantité de ce liquide dans la poitrine , mais noir , épais, sans fibrine et désoxigéné ; les poumons en étaient remplis et offraient presque l'aspect d'une hépatisation ; la muqueuse de l'estomac était phlogosée et couverte de points d'un rouge vif et de mucosités blanches ; le cœur était flétri et ses environs obstrués de caillots de sang noir. Les viscères abdominaux étaient sains , la vessie considérablement rapetissée , le grand sympatique et ses ganglions scrupuleusement observés ne nous offrirent rien de particulier, ainsi que le cerveau; il y avait des mucosités blanches dans les bronches ; le cadavre était extraordinairement détérioré et exhalait une puanteur insupportable. Nous demandons à tous les médecins de bonne foi si le soldat Meunier n'est pas mort du choléra spasmodique ? Nous nous sommes un peu étendu sur cette observation , parce qu'il a plu à quelques médecins de Saint-Omer d'infirmer nos assertions , *sans avoir vu nos malades,* et justement il était principalement

question de celui-ci. L'un de ces messieurs
M. D......., nous permettra de lui rap-
peler l'histoire d'un médecin qu'il connaît
bien, et qui se préparait à faire la ponction
à une dame anglaise, lorsque celle-ci, pres-
sée par des douleurs spontanées, de celles
que l'hydropisie ne donne point, fut obligée
d'envoyer chercher sa sage-femme, et qu'une
petite voix enfantine avertit M. le docteur
au *trois-quarts* de ne pas employer un instrument qui pourrait blesser une créature dont
il n'avait pas soupçonné l'existence. Quant
à l'autre, M. P....., notre honoré col-
lègue, nous lui pardonnons volontiers son
intempérance de langue et ses petites aber-
rations en faveur de ses *scrupules*.

NEUVIÈME OBSERVATION.

SOYEZ, sergent-major au 33.ᵉ régiment de ligne.
Tempérament nerveux.

Le sergent-major Soyez, du 33.ᵉ, entra
à l'hôpital, atteint d'une ménéngite. Il fut
pris spontanément, le 8 mars, de vomissemens, de diarrhée et de crampes, avec un
certain concours des autres symptômes du
choléra. Il devint convalescent le 13 mars ;
sa convalescence a été longue et pénible.

Voici ce que j'écrivis le 10 mars au conseil de santé des armées : « Dans le moment
» actuel et depuis quelque tems il meurt à
» Aire, dans le civil, plus de monde que
» de coutume, et la mort, s'il faut en croire
» quelques renseignemens officieux, suit
» de bien près l'invasion du mal. On ajoute
» que ces maladies sont caractérisées par
» des symptômes effrayans. Il nous a été
» impossible de nous assurer de la vérité,
» n'ayant pas été appelé chez les malades,
» et les officiers de santé de cette ville étant

» bien aises de faire la médecine tout seuls.
» Ce qu'il y a de certain, c'est que dans
» quelques maisons plusieurs membres d'une
» même famille ont péri presque simulta-
» nément. Je me suis également assuré
» qu'il existe une assez grande mortalité
» dans les villages situés sur les routes qui
» conduisent à la mer. Le vent de Nord-
» Ouest n'a cessé de souffler depuis long-
» tems, et de nous amener des pluies conti-
» nuelles ou des brouillards empestés, avec
» des alternatives brusques d'un froid très-
» vif, mais de peu de durée. » Dans le
même rapport, j'ajoutai les renseignemens
suivans : « J'ai appris que la femme Guise,
» de la ville d'Aire, âgée de soixante ans et
» appartenant à la classe indigente, a
» succombé dans quelques heures à une pré-
» tendue gastrite, avec diarrhée, vomisse-
» mens, crampes dans les muscles volontai-
» res, tiraillemens dans les voies digestives,
» coliques et froideur glaciale dans tout le
» corps. Les personnes qui l'entouraient
» m'ont donné ces détails, qui peuvent être

» exagérés ; elles ont ajouté que, quelques
» minutes après l'invasion de son mal, cette
» femme était devenue hideuse et mécon-
» naissable.

» M. Duplaid, officier de santé de cette
» ville, membre correspondant de la Société
» de médecine pratique de Paris, m'a affirmé
» qu'un jeune et robuste fermier, au voisi-
» nage d'Aire, est mort également quelques
» heures après l'invasion d'une maladie
» semblable, qui offrait les mêmes phéno-
» mènes et la même spontanéité. Le même
» médecin m'a assuré que le choléra-morbus
» faisait beaucoup de ravages au village de
» Lambre, à une lieue d'Aire, et il ajoute
» que la mauvaise foi seule empêchait ses
» confrères de convenir que la maladie fût
» dans la ville. »

J'ai considéré les cas que je viens de rela-
ter comme assez importans pour les signaler
à l'Académie royale de médecine. Ils servent
à prouver, de la manière la plus évidente,
que le choléra a éclaté sur le littoral de la
Manche, au voisinage de l'Angleterre, alors

affligée par ce fléau, long-tems avant son irruption à Paris. Ou il faut admettre l'importation et par conséquent la contagion, ou croire que, comme les guerriers d'Ossian, le choléra voyage à cheval sur les nuages. Cependant j'aurai l'honneur de proposer à l'Académie une question qui me paraît d'une haute importance, et dont la solution, pour l'affirmative, ne me ferait pas chanceler dans ma foi médicale, bien au contraire.

Ne serait-il pas possible que la réunion d'un certain nombre d'individus atteints du choléra sporadique engendrât une épidémie de cette cruelle maladie, épidémie qui prendrait les caractères propres au choléra asiatique ou plutôt spasmodique, transmissible par contagion, infection, etc. Il est sûr que dans d'autres lieux un certain nombre de nos soldats frappés d'une fièvre typhoïde, avec complication de l'hictère, ont eu le typhus *hyctérode*, qui n'est qu'une variété de la fièvre jaune, et qui a été si bien observé et décrit par M. le docteur Niel, de Marseille, qui a eu la bonté, à notre retour d'Afrique, de nous communiquer son travail. Nous avons nous-même vu cette cruelle maladie à la fin de 1808, pendant l'épidémie de Pampelune en Espagne. Elle fit dans nos hôpitaux des ravages affreux; plusieurs médecins, chirurgiens et pharmaciens de l'armée trouvèrent dans leur sublime dévoûment une mort prématurée. De ce nombre furent MM. de Montespau et Boudet, médecins militaires; Garcia et Casimiro, médecins espagnols requis ; Casneuve, aide-major chirurgien, et bien d'autres dont les noms nous ont échappé; M. Cisère, médecin militaire ; le chirurgien en chef du service; le pharmacien Bonino, et nous-même fûmes atteints de l'épidémie, et ramenés à la vie, des portes du tombeau, par les soins officieux de ceux de nos camarades qui n'avaient pas encore payé leur tribut à la contagion.

Qu'on ne me dise pas, pour appuyer le système de la non-contagion, que les gens de l'art, que les alentours du malade sont rarement victimes de la maladie. Je répondrai qu'à Pampelune tous les officiers de santé militaires moururent ou furent gravement malades, et que les infirmiers de nos hôpitaux furent plusieurs fois renouvelés; ce n'était point le choléra, mais c'était le typhus compliqué de l'ictère, ou plutôt c'était la fièvre jaune, la première des maladies pestilentielles, à laquelle on a contesté le principe contagieux. J'ai observé la même complication, devenue épidémique et contagieuse, à Osnabruck, en 1811, et à Wilna, en 1812 et 1813, non-seulement dans les hôpitaux militaires, mais même parmi les habitans de la ville. Je l'ai encore observée depuis au Midi de la France, dans quelques localités rurales, à la fin de 1814.

Ici devrait se terminer mon Mémoire, les preuves que j'ai données de la maladie en France, antérieurement à son invasion à Paris, étant suffisantes; mais j'éprouve le besoin de parler de cette cruelle affection qui sera long-tems encore le but des méditations du médecin observateur. S'il est vrai de dire qu'il est à peu près impossible d'établir sur cet intéressant sujet des théories satisfaisantes, du moins les faits pourront fixer la pratique.

Depuis le milieu du mois de mars, jusqu'à la fin d'avril, je n'observai plus de cholériques dans les salles militaires de l'hospice d'Aire ; c'est à cette époque que l'épidémie éclata spontanément dans la plus grande partie des villes qui bordent la frontière du royaume de Belgique, ou le littoral de la Manche. Cette affreuse contagion se répandit comme un torrent, et bientôt les villes d'Arras, de Calais, d'Aire, de Saint-Omer, de Béthune, de Douai, de Saint-Pol, etc., furent frappées du funeste fléau. Avant de parler de cette épidémie ou plutôt de cette reprise de l'épidémie, par rapport à la ville d'Aire, je dois dire en faveur de mes premières assertions, que les habitans d'Aire font un commerce considérable de contrebande avec les Anglais, et que les règlemens sanitaires n'ont reçu sur cette côte aucune exécution. Nous avons nous-même parlé avec des Anglais qui, la veille, étaient partis de Douvres; ainsi les trois jours d'une quarantaine dérisoire n'étaient pas même observés.

Comme je l'ai dit, pendant la fin de mars et le mois d'avril je ne vis plus à l'hôpital d'Aire de militaires réellement atteints du choléra. Le fléau ravageait la capitale; il avait paru à Calais et à Arras, et déjà dans cette dernière ville le chirurgien en chef de l'hospice avait succombé à l'épidémie, et les magistrats d'Aire s'endormaient dans une funeste imprévoyance, malgré les avertissemens réitérés que je n'avais cessé de leur donner.

Tout-à-coup la maladie se prononça avec une fureur et une intensité remarquables, et, dans l'espace d'une nuit, vingt personnes au moins furent saisies du choléra dans la ville d'Aire; ce furent vingt victimes. C'est le six de mai qu'après un intervalle de plus d'un mois et demi la maladie se prononça de nouveau. Les médecins du pays voulurent encore nier son existence, mais cette fois la conviction fut profonde dans le public, et force leur fut de se ranger de bonne grâce à l'avis de ceux dont l'expérience avait voulu les éclairer. Bientôt ce fléau augmenta d'intensité et porta principalement ses cruels effets sur la classe misérable : on apportait ces malheureux à l'hospice civil où ils étaient entassés dans des salles malsaines , où ils mouraient tous dans un très-court espace de tems. Nous avons vu plusieurs cholériques dans la ville , et nous ne parlerons que de quelques-uns auxquels nous avons donné nous-même des soins ; mais nous n'en parlerons qu'après avoir détaillé les observations qui concernent les militaires de la garnison, que nous avons personnellement traités nour-même dans les salles militaires de l'hopital, *priant toujours nos lecteurs d'observer que nous ne mentinnnons que ceux qui ont été spontanément saisis de tout l'ensemble des symptómes du choléra foudroyant, ou du choléra blanc , comme il a plu à quelques médecins de l'appeler depuis, à cause de la couleur des éjec-*

tions que le malade frappé laisse échap-
per par le haut et par le bas.

Si, comme certaines de nos confrères, nous voulions nous faire honneur d'un grand nombre de cures, nous n'aurions qu'à donner comme atteints du choléra un grand nombre de malades frappés d'affections qui penvent offrir des similitudes et des analogies. Ce n'est pas que nous ne pensions que toutes les maladies dont il s'agit ne soient écloses sous l'influence de l'épidémie régnante; mais notre expérience nous a appris que le choléra qui s'annonce par des symptômes précurseurs peut céder à de légers moyens préventifs, et nous ne sommes pas de ceux qui font la distinction ridicule de la prétendue cholérine et du choléra réel. Si l'on fait avorter une maladie dans son principe, elle n'existe plus, et par conséquent elle ne peut rien fournir à l'observation.

Ce fut, le 13 mai, que le choléra spontané se manifesta de nouveau dans les salles militaires de l'hospice, qui avaient été blanchies et désinfectées. Je parlerai d'abord de ceux qui moururent, et pour cela je serai obligé d'intervertir un peu l'ordre des invasions : ceci est nécessaire pour prouver l'insuffisance de la méthode physiologique, et quelquefois son danger.

SECONDE SÉRIE

PREMIÈRE OBSERVATION.

BRESSON, *condamné militaire du fort St-François,*
d'un tempérament bilieux et sanguin.

Le nommé Bresson, condamné militaire
du fort Saint-François, entré à la salle des
consignés de l'hôpital pour une gastrite,
était convalescent depuis quatre jours. Le
13 mai, à une heure après-midi, il fut saisi
spontanément de tous les symptômes du
choléra : face cianosée, couleur plombée
de la peau sur tous les membres, yeux
enfoncés dans leur orbite, cardialgie, crampes dans tous les muscles volontaires, stase
de la circulation du sang, vomissemens
spontanés de matières claires et mêlées de
mucosités blanches et floconneuses; froid
général, sueur froide et visqueuse, anxiété,

mouvemens de torsion, etc. , etc. Transporté dans la salle préparée d'avance pour les cholériques , placé dans un lit bien chaud et enveloppé d'une chemise et de couvertures de laine , également bien chauffées. *En attendant les moyens prescrits par nous , son camarade, nommé Dell, qui l'avait suivi dans ladite salle , en le voyant transporter , le frictionna fortement avec son bonnet de police qu'il remit sur sa téte , après s'être mis en état de transpiration par le travail de la friction.*

On apporte une mixture excitante pour opérer des frictions , et elle est employée sur-le-champ. Boissons diaphorétiques, tentatives inutiles de la saignée.

(Trois heures de l'après - midi.) Les membres deviennent un peu chauds ; saignée qui donne lieu à l'émission de quatre onces de sang noir et dépourvu de sérum ; cruches remplies d'eau bouillante aux pieds, entre les cuisses et sous les aisselles du malade; légère diaphorèse , application de 25 sangsues à l'épigastre, continuation des sudorifiques à l'intérieur et des excitans à l'extérieur. (Huit heures du soir.) Aggravation des symptòmes, redoublement de la cianose, yeux plus enfoncés, pupilles contractées; le froid revient , les vomissemens continuent, diarrhée subite; on redouble les frictions excitantes, synapismes aux pieds ; le pouls disparaît totalement , gêne dans la respiration , signes évidens de la cadavérisation. La diarrhée devient consécutive , lavemens avec l'amidon et l'extrait gommeux d'opium, adynamie complète , collapsus général : tout le corps du malade est cianosé. (Nuit.) Les mêmes moyens sont continués jusqu'au jour, les crampes qui avaient disparu reviennent , respiration haletante, suspirieuse, le malade est presque noir. A sept heures du matin, asphyxie et mort précédée d'une violente agitation , connaissance et parole jusqu'au dernier moment.

(Autopsie 8 heures après la mort.)

Plaques bleuâtres, livides ou noirâtres sur plusieurs parties du corps, rigidité cada-

5 *

vérique , muscles d'un rouge plus brun que
de coutume : les bronches offrent des traces
de phlogose, tout le système veineux est
gorgé de sang noir caillebotté et désoxigéné , péricarde sain , cœur friable et flétri,
gorgé de sang de la même nature , disten-
sion notable des veines coronaire et mam
maire interne , poumons affaissés , gorgés
de sang noir , et peu crépitans à la pression;
muqueuse de l'estomac tachetée de rouge
et tapissée de mucosités blanches, épiploon
flétri , phlogose légère des intestins , sur
la muqueuse desquels se rencontrent, d'espace en espace , des taches livides; vessie
tellement contractée que sa cavité admet-
trait à peine un petit œuf de pigeon : rien
de particulier au cerveau et à la moëlle
épinière, tous les autres organes dans l'état
normal.

DEUXIÈME OBSERVATION.

DELL, *Condamné militaire. Tempérament sanguin;
convalescent de la gale.*

Nous avons déjà dit que *Dell avait fric-
tionné son camarade Bresson avec son bonnet de police , qu'il l'avait immédiatement
remis sur la tête , après s'être mis par sa
fatigue en état de transpiration.*

(13 mai, cinq heures du soir.)

Invasion subite par les symptômes ordinaires du choléra ; saignée de six onces;
sang noir et épais, obtenu avec difficulté ,
langue glacée, soif ardente ; en l'absence
de la glace , on donne des boissons aro-
matisées très-fraiches ; le malade est transporté à la salle des cholériques dans un lit
chaud, on le revêt d'une chemise de laine,
et on l'enveloppe de couvertures chaudes.
Les frictions excitantes sont appliquées avec
force sur tout son corps , il revient un peu
de chaleur externe , mais le pouls disparaît;

on s'aperçoit que cette chaleur est factice et n'est point provoquée par un commencement de réaction.

(Sept heures du soir.) Cianose générale, vomissemens et diarrhée consécutifs, crampes qui arrachent des cris déchirans au malade; synapisme le long de l'épine du dos. L'intelligence du malade n'est nullement affaiblie.

(Dix heures du soir.) La chaleur se manifeste avec une légère diaphorèse, on applique vingt sangsues à l'épigastre, elles tombent l'instant d'après, les piqûres ne saignent pas, les crampes se renouvellent à chaque instant.

(Minuit.) Violent besoin d'uriner, impuissance d'y satisfaire; on sonde le malade, point d'émission d'urine, fomentations sur le bas-ventre, continuation des mêmes moyens jusqu'au matin, mêmes alternatives: les yeux se cavent de plus en plus, cianose générale, aplatissement du ventre.

(Cinq heures du matin.) Collapsus général, somnolence qui ne cède point à l'application du fer chaud ni du moxa aux pieds (Cinq heures et un quart.) Asphyxie et mort. Nous donnons ce fait comme une des preuves les plus concluantes en faveur du système de la contagion. Le malheureux Dell était expiré avant celui qu'il avait voulu secourir en le frictionnant avec son bonnet de police.

L'autopsie a fait remarquer les mêmes congestions sanguines qae chez le précédent.

L'estomac était rempli de matières blanchâtres, qui avaient reflué par le pylore. Les intestins étaient comme enduits de matières grisâtres et visqueuses ; des taches livides se voyaient sur la surface interne de l'estomac, où l'on remarquait aussi une ulcération assez étendue ; la vessie dans le même état que chez le précédent malade. Les autres organes dans l'état normal.

TROISIÈME OBSERVATION.

ALLARD, dragon au 5.e régiment. Tempérament nerveux.

Ce malade était entré à l'hôpital pour une bronchite, avec développement fébrile. Il était guéri au bout de cinq jours de traitement. (14 mai au soir.) Invasion du choléra par des vomissemens et des crampes générales, sans altération prononcée de la face. Le malade est plongé dans un bain d'eau chaude, et refuse d'être transporté à la salle des cholériques ; des infirmiers complaisans le couchent dans son lit accoutumé ; une légère sueur se manifeste, les crampes sont moins souvent répétées, et les frictions locales les apaisent. (8 heures du soir.) Les accidens redoublent, la figure s'altère, les yeux se cavent ; on présente au malade une infusion d'ipécacuanha qu'il refuse de boire.

(11 heures du soir.) Il avale la potion émétisée, il vomit et sue abondamment.

(Nuit assez tranquille.) On continue pendant toute sa durée les moyens susceptibles de favoriser la diaphorèse.

(15 mai.) Transport à la salle des cholériques, mieux apparent, continuation des moyens expansifs, cianose, vomissemens , diarrhée, agitation pendant la nuit. (16 mai.) Vomissemens bilieux et douleurs abdominales toute la journée; lavemens laudanisés et amydacés, le pouls se soutient; le malade refuse les synapismes, potion de Rivière, nuit assez tranquille. (17 mai.) Le malade est assez bien, quoique affaibli par toutes les secousses qu'il a éprouvées; point de changement notable dans la journée. (18 mai.) Le malade est mieux, coliques, lavemens. (3 heures du soir.) Le pouls est relevé, émission abondante d'urine ; le soir, agitation, fréquentes envies d'aller à la selle, ténesme, coliques et soif ardente; lavemens avec l'amidon et l'extrait gommeux d'opium, boissons gommeuses et acidulées, potion de Rivière, nuit calme; vers minuit, syncope prolongée. (19 mai.) La diarrhée cesse, uri

nes faciles; les symptômes de choléra disparaissent. (3 heures après midi.) Menaces
d'ataxie; boissons acidulées, synapismes
ambulans. (8 heures.) Ardeur à la gorge;
cataplasmes émolliens. (20 mai.) Mieux soutenu; applications émollientes sur l'épigastre
et sur le ventre; signes de phlegmasie des
premières voies. (3 heures.) Même état; le
soir, idem; nuit assez calme, on cesse les
applications émollientes; boissons rafraîchissantes. (21 mai.) Le mieux continue;
mêmes moyens; nuit calme. Le 22, le malade passe à la salle des convalescens du
choléra. Du 22 au 27 mai, la convalescence
marche. Le 27, un infirmier complaisant
procure au malade des alimens substantiels
et de l'eau-de-vie; il en boit une forte dose
(27 au soir.) Congestion à la tête, tendance
au typhus; application de sangsues à l'épigastre et aux jugulaires, vésicatoire aux jambes. Le 28 au matin, délire, nouvelles crampes, cianose prononcée; frictions, limonade
vineuse, synapismes ambulans. (3 heures
du soir.) Tremblement des muscles trian-

guláires des lèvres ; mort, à 5 heures du soir (1).

On voit que dans le traitement de la maladie de ce jeune militaire ce n'est point

---

(1) Nous avons dit d'abord que le dragon Allard avait des habitudes vicieuses ; il était extrèmement adonné à la boisson des liqueurs spiritueuses et à tous les genres de débauche. Le système nerveux était chez lui plus impressionnable que chez bien d'autres, et cependant sans l'imprudence dont il fut la victime, il aurait échappé à la maladie. Nous sommes bien loin de nier que les habitudes désordonnées de la boisson et des plaisirs sensuels établissent des prédispositions propres à la susception de l'épidémie mais nous ne pensons pas comme un grand nombre de mé' decins, que le choléra est toujours mortel chez les indivi_ dus abandonnés à ces funestes habitudes. Cette erreur est si accréditée, que nous avons vu des hommes de l'art refu_ ser de donner des soins à des malheureux atteints du cholé_ ra, prétendant qu'ils seraient infructueux, à cause des habitudes dont nous venons de parler. On entend tous les jours dire, en parlant des victimes du choléra : Un tel est mort, ce n'est pas étonnant, c'était un ivrogne ; il existe bien d'autres conditions de prédispositions qui n'appartiennent pas toutes à la classe malheureuse ; la vieillesse, la faiblesse de l'organisation, les passions de l'âme, la colère, l'ambition, la haine, etc. Mais on ne refuse jamais d'aller prodiguer des secours de l'art, à l'homme couché sur un lit somptueux ; c'est le grabat du misérable qui re_ pousse, et non ses habitudes.

l'art qui se trouve en défaut, et qu'il a péri victime d'une grande imprudence, pour laquelle, en pareil cas, un garde-malade devrait être puni comme coupable d'assassinat. Le dragon Allard étant de la ville d'Aire, ses parens s'opposèrent à l'ouverture de son corps.

QUATRIÈME OBSERVATION.

LEROY, *dragon au 5.ᵉ régiment. Tempérament bilieux et lymphatique.*

Ce militaire était entré à l'hôpital pour une gastrite; il était convalescent après quatre jours de traitement. Le 14 mai au matin, l'invasion du choléra eut lieu chez lui par une série de vomissemens, pendant lesquels un ver lombric fut rejeté. Un quart d'heure après, le malade était en proie à tout l'ensemble des phénomènes symptômatiques du choléra; le pouls était très-peu sensible; la section de la veine produisit à peine quatre onces de sang noir, épais et dépourvu de sérum. Transporté à la salle des cholériques, l'administration des moyens tentés pour les autres cholériques est immédiatement appliquée ; soif intense ; le malade demande à grands cris de l'eau fraîche. Le jour et la nuit se passent dans une alternative de crampes, de vomissemens et de selles. (15 mai au matin.) Légère réaction , moiteur , le pouls est sensible ; 25 sangsues à l'épigastre. (3 heures.) La sueur se maintient, déjections alvines , aqueuses et floconneuses; amélioration dans l'aspect de la face, nuit tranquille; la langue redevient chaude, un second ver est rejeté par le vomissement. (19 mai.) Même état ; potion anti-émétique de Rivière, rendue vermifuge par l'addition de la teinture de racine de spigelli et quelques gouttes d'éther. (3 heures.) Rien de remarquable. (7 heures du soir.) Douleurs abdominales, lavement opiacé, vomissemens, potion de Rivière, nuit agitée. (17 mai.) Réaction fébrile, 25 sangsues à l'épigastre. (3 heures du soir. Congestion évidente aux poumons et dans les organes intérieurs; le soir, gêne de la respiration, les symptômes du choléra reparaissent, et le malade redevient froid et cianosé par tout le corps ; synapismes fixes et ambulans, fer chaud à repasser promené sur les membres et le long de la colonne vertébrale, avec l'intermédiaire d'une flanelle, boissons excitantes diaphorétiques ; mort pendant la nuit.

Nous avons regretté de n'avoir pas employé les moyens émétiques dès l'invasion, l'autopsie nous ayant montré, outre les phénomènes décrits par rapport aux cadavres des autres cholériques, un certain nombre de vers lombrics dans l'estomac.

CINQUIÈME OBSERVATION.

CORTIN, *grenadier au 33.ᵉ de ligne. Tempérament bilieux et sanguin.*

Ce militaire était convalescent d'une fièvre intermittente, il devait sortir le lendemain.

Le 15 mai, au matin, après un bain

vraisemblablement suivi de refroidisse-
ment, invasion subite et instantanée du
choléra; apparition spontanée de la cianose,
des vomissemens, des crampes, de l'exca-
vation des yeux et de la diarrhée; froid
général, sueur visqueuse et froide, langue
et respiration glacées. (Transport immédiat
à la salle des cholériques,) Emploi des premiers moyens excitans à l'extérieur; à dix
heures du matin administration d'ipécacuanha à doses fractionnées de 8 grains,
de demi-heure en demi-heure; boissons diaphorétiques. (Huit heures du soir.) Persistance de tous les symptômes, continuation
de la période algide. (1 6 mai.) La peau est
un peu chaude, le pouls ne paraît pas encore; coliques, lavemens opiacés (par tiers);
vomissemens de matières claires mêlées de
mucosités blanches; potion avec le carbonate de potasse, un acide végétal et des
eaux cordiales ; soif ardente; boissons acidulées froides, emploi de la glace à 'intérieur et à l'extérieur. (Nuit assez tranquille.) (17 mai.) Rien de remarquable,

mêmes moyens ; le pouls est relevé, légère ophtalmie, frictions, potions tempérantes, nuit agitée. (18 mai.) Même état, mêmes moyens ; on ne peut plus se procurer de la glace. (19 mai.) Mieux bien apparent, continuation de la même médication. (Trois heures du soir.) Il n'y a pas encore d'urine, potion expansive et légèrement diurétique. Le soir le malade est assez bien, il vomit et rejette deux lombrics; lavemens, infusion de camomille légèrement éthérée. Dans la nuit éjections successives de sept vers lombrics. (20 mai.) Le malade est mieux, lavemens et boissons un peu vermifuges, tisanes acidulées. Le soir, alternative de selles et de vomissemens, urines volontaires, infusion légère de camomille rendue narcotique par l'addition d'un demi-grain d'extrait gommeux d'opium. (Nuit tranquille. Le 21 mai, les vomissemens et les selles continuent; les uns et les autres sont devenus bilieux ; apparence de phleg_masie des premières voies, fomentations lactées sur l'épigastre et sur le ventre, boissons

sons rafraîchissantes ; le soir, signes d'adynamie. (Nuit agitée.) Le 22, le raptus
vers le cerveau se prononce de plus en
plus ; larges vésicatoires à la partie interne
des jambes, boissons acidulées ; la langue
qui était devenue sèche, aride et fuligineuse,
s'humecte un peu ; délire dans la nuit, absence de douleurs, impossibilité d'uriner.
Les symptômes du choléra ont entièrement
fait place à ceux du typhus. (23 mai.) Ventre
balonné, les vésicatoires n'ont produit que
peu d'effet; la vessie est protubérante au
dessus du pubis. On sonde le malade, et
l'on tire environ deux litres d'urine. La face
est hébétée, les yeux sans vivacité et sans
mouvement. (Trois heures.) Les vésicatoires
n'ayant pas encore produit de l'effet sont
laissés en place. Le malade n'urine qu'au
moyen du cathétérisme ; mais les fonctions
des reins sont rétablies, puisque la sécré-
tion a lieu ; ce qui est une preuve certaine
de la disparition du choléra. La nuit se passe
dans une alternative de rêvasseries et de
somnolence. (24.) Les vésicatoires ont pro-

duit leur vésication accoutumée, on les lève et on les panse. La torpeur et l'hébétement persistent, cependant la déglutition s'opère mieux et le malade répond à propos, mais tardivement, aux questions qu'on lui adresse; langue moins sèche que la veille et fuligineuse, pouls déprimé; potion excitante *avec la serpentaire et le poligala de Virginie, le quina et le musc.* Deux autres vésicatoires aux cuisses. (3 heures.) Rien de nouveau : la vessie n'a pas encore repris ses fonctions; rien de particulier dans la nuit. (25 mai.) Il y a du mieux, les vésicatoires des cuisses sont levés, la langue est humide, le pouls est plus relevé, il y a eu émission volontaire d'urine; potion antiseptique, lavemens avec de la valériane, synapismes ambulans sur les membres inférieurs. Le malade s'agite sans cesse et arrache les topiques placés sur ses membres. Dans l'après-midi, il n'urine qu'au moyen de la sonde. (Nuit agitée.) Le 26 mai, toujours même état; on renouvelle la potion antiseptique, et les tisanes vineuses et stimulantes sont données. Nuit très-agitée, délire sourd. Le 27 , le pouls est relevé , fréquent , il y a toujours délire. Continuation des mêmes moyens, de la limonade vineuse et des révulsifs externes; toujours délire. (Nuit très-agitée.) Le 28, odeur de souris très-prononcée, émission involontaire d'urine, coma, râle, potion majeure. (Mort à dix heures du matin)... A deux heures le malade était enterré malgré nos ordres précis, et l'on ne put en faire l'ouverture. On s'aperçoit aisément que, chez le malheureux Cortin , le choléra avait été vaincu , mais il a péri victime du typhus. C'est le sort qui attend beaucoup de cholériques. On ne saurait trop surveiller la période de réaction chez ceux qui ont éprouvé l'efficacité des premiers moyens ; c'est alors surtout , si l'état de faiblesse des malades le permet , que les émissions sanguines sont appropriées quand on peut les obtenir. On dirait que le typhus, jaloux des empiètemens d'une maladie étrangère, s'empresse de venir lui disputer ses victimes.

Les congestions à la tête, sur les organes

de la digestion ou sur les viscères de la poitrine et de l'abdomen, sont d'autant plus à craindre qu'il y a eu refoulement du phlogistique vers ces mêmes organes, et que la médication interne a été plus ou moins excitante; et cette assertion serait d'autant plus vraie si, comme le prétend M. Broussais, la première action du principe morbifique du choléra était exercée sur le tube digestif, dans son entier ou dans l'une de ses sections. On peut encore induire cette proposition du système des médecins anglais, rapporté par M. Delpech, de Montpellier. Ces messieurs placent la première action du principe cholérique sur le sytème des nerfs ganglionnaires. Or, l'action de ce système sur la circulation, sur la digestion et la respiration est incontestable; et alors on serait fondé à croire que ces organes ne reçoivent qu'une impression, secondaire à la vérité, mais dont les effets sont les mêmes.

SIXIÈME OBSERVATION.

HIBOUX, *dragon au* 5.e *régiment. Tempérament lymphatique et d'une constitution grêle.*

Ce militaire était convalescent de plusieurs récidives d'une fièvre tierce. Le 17 mai au matin, il fut saisi par l'ensemble des symptômes ordinaires du choléra.

La cianose était surtout remarquable chez lui. Transporté à la salle des cholériques, on lui administra les frictions excitantes et des boissons sudorifiques. On lui fit prendre vingt-quatre grains d'ipécacuanha, divisés en trois doses, dans trois demi-verres d'eau. (9 heures du matin.) Point d'amélioration ; vomissemens continuels, pas de réaction, soif intense, boissons froides, potion de Rivière. (8 heures du soir.) Gêne extrême dans la respiration, nuit très-agitée. (18 mai.) Point damélioration ; synapismes ambulans sur les membres inférieurs, moxa le long de l'épine dorsale. (3 heures.) Mêmes souffrances. (8 heures.) Etat désespéré. Mort dans la nuit (1).

Quelque tems après l'invasion ('environ une heure), du consentement du malade, la fustigation avait été employée, comme moyen expansif, par M. Tourny, aide-major au 33.ᵉ de ligne.

Sur la plainte des sœurs hospitalières, M. le maire fait défense de faire des autopsies dans l'hospice.

SEPTIÈME OBSERVATION.

CALLIÉ, *dragon au 5.ᵉ régiment. Tempérament nerveux, point de maladies antécédentes.*

Ce militaire, n'ayant jamais été malade, a été transporté cholérique à l'hôpital, le 17 mai, à 8 heures du soir. Invasion sans cause connue; le malade n'avait point fait

____

(1) On ne doit pas oublier de dire que vingt-cinq sang-sues furent extemporairement appliquées sur l'épigastre de ce malheureux, par l'imprudence d'une sœur étourdie et inconsidérée, la sœur Marie Joseph; ces sangsues avaient été ordonnées à un autre malade.

d'excès ni dans la journée ni auparavant. Ici les symptômes du choléra sont on ne peut plus manifestes, rien n'y manque : froid général, cianose, crampes, vomissemens selles floconneuses et bilieuses, et surtout ré traction des muscles abdominaux sur le rachis. Le malade se tourne et se contourne pour tempérer ses souffrances, il lui semble que du plomb fondu coule dans son ventre. Application des moyens déjà employés ; frictions, boissons suderifiques, 36 grains d'ipécacuanha à doses fractionnées, inutilité des tentatives de la saignée et de l'application des sangsues, même dans le bain chaud. La nuit n'est qu'une longue souffrance. (28 mai.) Mêmes moyens. La cianose se prononce de plus en plus ; moins de crampes, de selles, de vomissemens et de coliques ; mais symp tômes de congestion plus évidens. (3 heures.) Le malade est littéralement *bleu*. L'agitation redouble, mouvemens désordonnés. A 5 heures, oppression ; le malade conserve la connaissance et la parole. A 6 heures, asphyxie et mort.

Autopsie malgré la défense, qui n'était qu'un abus de pouvoir. Cervelet injecté, poumons infiltrés de sang noir et épais, sans sérum et désoxigéné, ce liquide refoulé dans toutes les cavités de la poitrine ; cœur flétri, entouré de caillots de sang noir, l'o-reillette gauche en est obstruée ; muqueuse de l'estomac couverte de taches d'un rouge vif et de mucosités blanches, semblables à des membranes cuites et en décomposition ; légère ulcération à la partie latérale droite ; plexus solaire très-développé, faisant un volume plus considérable que de coutume ; colon phlogosé ; rétraction de la vessie. Plus rien de remarquable.

HUITIÈME OBSERVATION.

COLBRECHT, *dragon au 5.ᵉ régiment.*

Trois juin, 9 heures du matin, invasion à la caserne. Transporté à la salle des cholé-riques de l'hôpital, on observe chez lui les symptômes suivans : cianose, yeux enfoncés, coliques, crampes, froid général, langue glaciale, respiration très-froide, vomissemens, diarrhée. Application réitérée de frictions stimulantes, toutes les fois que les crampes reparaissent. Le malade est très-pléthorique; tentatives inutiles de la saignée et de l'application des sangsues. A dix heures trois grains d'émétique en lavage, dans deux livres d'eau; boissons sudorifiques; point d'amélioration. (3 heures.) Même état, le jour et la nuit se passent dans une extrême agitation; cautère transcurrent le long de la colonne vertébrale, synapismes aux pieds, vésicatoires aux jambes, boissons sudorifiques, avec addition de deux grains d'extrait gommeux d'opium, en fractions de quart de grain.

Le malade est bleu à 3 heures, ses extrémités sont noires; à six heures, asphyxie et mort. Point d'autopsie.

Pour parler de suite de tous les cholériques morts aux salles militaires de l'hospice d'Aire, pendant cette recrudescence de l'épidémie, nous avons interrompu l'ordre des entrées à l'hôpital, et nous sommes obligé de revenir sur les époques antérieures, pour faire mention de ceux dont la maladie a cédé aux moyens que nous avons employés. On s'apercevra facilement que nous avons abandonné les moyens antiphlogistiques au moment de l'invasion, soit parce que, dans le plus grand nombre de cas, leur inutilité nous a été démontrée, soit parce que nous ne les avons pas cru appropriés. Les moyens émétiques, comme perturbateurs et contre-stimulans, nous ont réussi sur un assez grand nombre de malades, comme on peut s'en convaincre par les observations suivantes.

TROISIEME SERIE

DES OBSERVATIONS.

PREMIÈRE OBSERVATION.

SOLEAU, *dragon au 5.ᵉ régiment. Tempérament sanguin et bilieux.*

Ce militaire était entré à l'hôpital depuis quelques semaines pour une affection dartreuse à la face. Le 17 mai au matin, invasion subite du choléra par des vomissemens, des coliques, des crampes, la cianose et la diarrhée, froid général, enfoncement des yeux, sueur froide et visqueuse, respiration et langue glacées. Transport immédiat à la salle des cholériques, emploi des moyens stimulans à l'extérieur, quarante-huit grains d'ipécacuanha, avec addition de deux grains de tartre stibié pris en deux heures, à doses fractionnées de douze grains chaque. La journée se passe dans une alternative de selles et de vomissemens aqueux et floconneux ; mais vers le soir, la face avait déjà changé d'aspect et le pouls était relevé. Nuit calme. (18 mai.) Le malade est mieux, les coliques et la diarrhée persistent, les vomissemens sont rares, lavemens d'amidon avec l'opium gommeux. (3 heures.) Même état ; selles toujours floconneuses, un peu d'urine, potion tempérante. Le soir, les éjections sont d'un vert foncé, le malade vomit plusieurs vers lombrics ; lavemens laudanisés, potion de Rivière, rendue vermifuge ; nuit assez calme. (19 mai.) Douleurs plus intenses à l'épigastre, augmentation de la diarrhée, lavemens émolliens, lactés et opiacés ; boissons émollientes, gommeuses et un peu diurétiques. (3 heures.) Mieux soutenu, plus de vomissemens ni de selles, urines volontaires. (10 heures du soir.) Nouvelles selles, vomissemens nouveaux ; boissons acidulées, potion de Rivière ; sommeil de courte durée pendant la nuit. (20 mai.) Mieux marqué, apparence de phlegmasie des premières voies. Sur le soir, peu de vomissemens et de selles; boissons rafraîchissantes. La nuit est calme ; le malade va à la selle et rend quelques excrémens durcis. (21 mai.) Peu de changemens, peu de coliques; on applique encore des fomentations émollientes sur le ventre, continuation des autres moyens. (3 heures.) Rien de nouveau. Le malade reste dans le même état jusqu'au lendemain matin. (22 mai.) Le mieux se soutient; mêmes moyens; nuit tranquille.

(23 mai.) Le malade ne paraît pas éloigné de la convalescence ; il est calme pendant le jour et pendant la nuit.

(24 mai.) Même état, on insiste sur les tempérans et les boissons rafraîchissantes.

(25 mai.) Le mieux continue; on permet un peu de bouillon, le malade éprouvant de l'appétit,

(26 mai.) La convalescence continue; on ajoute un peu de riz au bouillon, continuation des boissons acidulées.

(27 mai.) Riz matin et soir.

(28 et 29 mai.) Rien de nouveau.

(30.) Un peu de douleur dans les entrailles ; lavemens laudanisés.

(31.) Le malade est très-bien.

Du premier juin au 4, le mieux se soutient ; riz , œuf , quart de pain.

(5 juin.) Le malade est très-bien, il a une faim dévorante.

(6 juin.) Sortie de l'hôpital accordée. Le dragon Soleau a obtenu un congé d'un an ; il est très-détérioré par la maladie , et sa convalescence sera longue et pénible.

Ce militaire était essentiellement pris du choléra foudroyant, et malgré l'apparence de son tempérament pléthorique, le traitement par les contre-stimulans à l'intérieur, et les excitans à l'extérieur, a été couronné d'un succès complet.

On peut dire de lui , sans exagération , qu'il a été dans cet état de maladie duquel M. le professeur Broussais affirme par deux fois, dans ses leçons imprimées, qu'on ne revient jamais. Tous les individus, dont les

noms suivent, ont été dans la même position; car, nous le répétons, nous dédaignons
de nous faire honneur des guérisons qui seraient tombées sur des hommes peu atteints
de la maladie, ou qui ne nous auraient offert que des similitudes ou des analogies ;
de ceux-là, nous en avons guéri par cen-
taines, et il a fallu employer bien peu de
moyens. Dieu nous préserve de ressembler
à ce médecin de la Lorraine qui, armé
d'une lancette, saignait tous les habitans
d'une contrée, en leur persuadant que c'était
un moyen préservatif du choléra, et dans
les journaux il se vantait d'avoir guéri des
milliers de cholériques seulement par la saignée ; il est très-vrai que son coup de lancette avait reçu une sorte d'efficacité mysti-
que, parce qu'il provoquait aussi une émission
métallique, et que les saignées de M. le docteur
V...avaient le double avantage de procurer à
ceux à qui elles étaient appliquées une déplétion bursale, en même tems qu'une déplétion sanguine. Si l'on cherchait de bonne
foi la source de beaucoup de systèmes théra-

peutiques, on trouverait souvent une origine semblable, *mais il faudrait chercher dans la boue.*

DEUXIÈME OBSERVATION.

BARBET, *dragon au 5.ᵉ régiment. Tempérament pléthorique et nerveux.*

Ce militaire fut transporté à l'hôpital le 28 mai, à six heures du matin.

Invasion subite; tout l'ensemble des symptômes est très-prononcé. Placé à l'instant dans la salle des cholériques, quarante huit grains d'ipécacuanha et deux grains de tartre stibié en quatre doses, de demi-heure en demi-heure, frictions stimulantes, emploi des cruches d'eau bouillante dans le lit, et du fer à repasser le long de l'épine dorsale et sur les membres, avec l'intermédiaire d'une flanelle; vomissemens réitérés de matières claires, mêlées de mucosités blanches et floconneuses; déjections alvines de même nature; crampes violentes à tous les muscles volontaires;

taires; boissons sudorifiques et opiacées, potion de Rivière. (Midi). Le malade devient chaud, exacerbation le soir, violente cardialgie ; trente sangsues à l'épigastre. On doit noter que le malade n'est plus dans la période algide : moiteur, nuit tranquille. (29 mai). Sueur abondante, boissons diaphorétiques.

(Midi). Mieux prononcé.

(6 Heures du soir). Violentes coliques, diarrhée consécutive..... lavemens avec l'opinm et la coloquinte.

(10 Heures). Disparition des symptômes du choléra.

(30 Mai). La diarrhée reparaît avec quelques coliques ; lavemens avec l'amidon et deux grains d'extrait gommeux d'opium. (31 mai). Mieux prononcé ; commencement de convalescence, riz, bouillon. Du premier au cinq juin, très-bien. Alimens solides le 6 ; le 9, sortie de l'hôpital accordée.

On voit encore l'efficacité de la méthode perturbatrice et contre-stimulante.

TROISIÈME OBSERVATION.

GAUTARD, *dragon au 5.ᵉ régiment. Tempérament lymphatique et bilieux.*

Ce militaire, atteint le 8 juin de l'ensemble des symptômes du choléra, fut transporté à l'hôpital à sept heures du matin. Placé à la salle des cholériques, M. Goutt, chirurgien sous-aide-major, attaché à notre service, lui fait administrer des frictions stimulantes et trente six grains d'ipécacuanha, avec deux grains de tartre stibié, en trois doses. La cianose redouble vers midi, ainsi que les crampes ; des matières bilieuses se mêlent aux substances blanches et muqueuse des éjections ; la langue devient glacée : boisson excitante, redoublement des frictions, céphalalgie ; synapismes aux pieds et le long de la colonne vertébrale. (6 heures.) La chaleur revient ; légère diaphorèse ; on obtient six onces de sang par une saignée ; le malade est plus agité après cette émission sanguine qu'auparavant : nuit très agitée. Le 9 au matin, la diaphorèse augmente, elle est soutenue par des boissons sudorifiques et des applications de vases, remplis d'eau bouillante, placés dans le lit. A midi, la cianose a presque entièrement disparu et les vomissemens sont très-rares; les yeux ne sont plus si enfoncés. (6 heures du soir). La diarrhée a cessé, nuit calme. Le 10, le mieux se soutient; cet état dure jusqu'au 13. Le 14, bouillon. Le 15, riz et bouillon. Le 16, un œuf et un peu de pain. Le 17 et le 18, alimens solides. Le 19, le malade sort convalescent, mais faible et détérioré. Cette observation est encore une preuve de l'efficacité du traitement éclectique.

QUATRIÈME OBSERVATION.

CHAUVIN, *dragon au 5.ᵉ régiment. Tempérament sec et nerveux.*

Ce militaire fut transporté à l'hôpital, le 8 juin, à 8 heures du matin, atteint de tout l'ensemble des symptômes du choléra, qui se manifestaient chez lui avec une grande violence.

Il est ici inutile d'en répéter le détail. Des frictions excitantes, des applications de moxa, du cautère transcurent et des synapismes à l'extérieur ; 48 grains d'ipécacuanha avec deux grains de tartre stibié, donnés à l'intérieur, en quatre doses, amenèrent sur le soir des éjections et déjections bilieuses, de muqueuses qu'elles étaient. La cardialgie et les coliques diminuèrent par l'emploi de lavemens opiacés et l'administration de l'opium à l'intérieur. La potion anti-émétique de Rivière fut administrée à 5 heures du soir. La cianose disparaissait ; les yeux étaient moins enfoncés et ils reprenaient leur éclat et leur mobilité. La chaleur et la diaphorèse se rétablissaient avec la circulation. On donna au malade, pour soutenir la transpiration, des infusions de mélisse et de camomille, saturées d'acétate d'ammoniac ; des vases remplis d'eau bouillante étaient entretenus dans son lit. La nuit fut tranquille. Le 9, nouvelle diarrhée; lavemens d'amidon avec deux grains d'opium gommeux ; rien de nouveau jusqu'au 12. Le 12 au soir, rechûte avec signes de congestion sur les poumons ; 25 sangsues à l'épigastre et dix de chaque côté du sternum. Le pouls disparaît presque ; ventouses scarifiées sur les muscles qui recouvrent le sternum ; synapismes aux pieds ; amélioration le 13. Le 14, le mieux se soutient. Le 15, commencement de convalescence, bouillon. Le 19, le malade sortit de l'hôpital, mais faible et détérioré. L'éfficacité de la méthode perturbatrice et contre-stimulante devient de plus en plus démontrée.

CINQUIEME OBSERVATION.

BRUN, *fusilier au 8.ᵉ de ligne. Tempérament sec et nerveux.*

Ce militaire fut transporté à l'hôpital le 9 juin ; il était gravement atteint et n'offrait point de ressources. Placé à la salle des cholériques dans un lit chaud, le traitement employé pour les précédens lui fut administré : on revint, deux fois dans vingt-quatre heures, à l'emploi de l'ipécacuanha. On lui

appliqua un long synapisme aiguisé de vinaigre spiritueux, d'alcali et d'ail écrasé, le long de l'épine dorsale, par le conseil de M. Versoul, docteur en médecine d'Azebrouck, qui avait traité des cholériques en Pologne; mais le moyen le plus efficace fut l'urtication employée à plusieurs reprises. La cianose commença à disparaître, la figure se colora légèrement et le pouls se releva, le 10, vers les onze heures; alors la diaphorèse s'établit, elle fut soutenue par des boissons sudorifiques; la potion de Rivière calma les vomissemens qui étaient devenus bilieux; la diarrhée persista jusqu'au 11.e jour, le malade passa dans l'état d'une gastrite aiguë; il avait conservé de la force; il fut saigné, on lui tira dix onces de sang. Tous les symptômes s'amendèrent, et l'affection continua à suivre une marche franche jusqu'à la convalescence. Ce militaire sortit de l'hôpital, le 20 juin, guéri, mais très-faible et détérioré.

Cette observation confirme encore l'efficacité du traitement éclectique, et justifie

la préférence que nous lui avons donnée sur
le traitement antiphlogistique.

SIXIÈME OBSERVATION.

BAILLO (Louis), *voltigeur au même régiment.*
Tempérament sanguin et bilieux.

Ce militaire entra à l'hôpital le 9 (du mois
de juin) au matin avec les symptômes du cho-
lera. Sa maladie offrait une particularité remarquable. Il était porteur d'un bubon vé-
nérien très-prononcé et d'un grand volume,
à l'aine droite; cette tumeur avait été inci-
sée la veille et la supuration commençait à
s'établir. (Nous reviendrons plus tard là-des-
sus.) La cianose était patente; le froid des
extrêmités de la langue et de la respiration,
la disparition du pouls, la contraction des
pupilles et la cavité des orbite, les crampes
les vomissemens, la diarrhée, l'oppression,
etc., laissèrent peu d'espoir de guérison. On
administra quatre grains d'émétique bouilli
et en lavage, dans deux livres d'eau, à dose
fractionnée, de demi-heure en demi-heure.

Vers le soir, les vomissemens diminuèrent et devinrent bilieux. Ejection de deux vers lombrics; les frictions furent continuées, la diaphorèse s'établit dans la nuit, et, le 10 au matin, nous fûmes étonné de voir que les symptômes du choléra avaient entièrement disparu. Une certaine somnolence, une violente céphalalgie et quelques rêvasseries nous firent craindre une congestion cérébrale; une légère saignée à la cheville, qui produisit huit onces de sang, les synapismes à la plante des pieds et quelques grains de musc, administrés à l'intérieur, dans une potion, dissipèrent nos craintes. La guérison marcha rapidement; mais ce qui nous étonna le plus, ce fut la cessation complète de la supuration du bubon, et la guérison presque instantanée de cette tumeur. Le malade sortit de l'hôpital, le 20 juin, moins détérioré et plus fort que ses camarades.

SEPTIÈME OBSERVATION.

SOLTRET, *dragon au* 5ᵉ *régiment. Tempérament sanguin et bilieux.*

Ce malade était à l'hôpital depuis le commencemeut du mois de mai ; il avait subi un long traitement pour une péripneumonie qui lui avait laissé une affection chronique des poumons.

Il fut saisi, le 9 juin, de tout l'ensemble des symptômes du choléra, et transporté à la salle des cholériques. On ne put employer chez lui les moyens émétiques, à cause de l'état permanent de phlogose de ses poumons ; mais les moyens extérieurs furent appliqués avec beauconp de vigueur. Bientôt une hépatite se prononça, et l'ictère la suivit de près. Cette affection nouvelle devint critique, et les symptômes du choléra parurent s'amender.

Le 10 au soir, on fit une application de sangsues snr l'hypocondre, et, le 11 au matin, une seconde sans succès. La douleur devenait intolérable, les vomissemens et les déjections alvines étaient bilieuses ; on appliqua un cataplasme synapisé sur la région du foie. Le malade éprouva quelques heures de calme, et enfin un vésicatoire sur la même partie enleva entièrement la douleur. Le 13, il n'y avait plus aucun symptôme du choléra, et l'ictère céda aux moyens appropriés. Ce militaire était porté pour la réforme, et, à notre départ d'Aire, nous l'avons laissé convalescent à l'hôpital.

On remarquera que chez ce malade la réaction a eu lieu par métastase, ce qui pourrait ouvrir le champ à de vastes réfléxions sur les moyens révulsifs à employer dans le traitement du choléra.

---

(1) Nous avons depuis recueilli plusieurs observations de métastases critiques qui ont fait disparaître les symptômes du choléra, et à la suite desquelles il y a eu ordinairement affection hépatique et ictère.

HUITIÈME OBSERVATION.

SIMON, *fusilier au 8ᵉ régiment de ligne. Tempérament sanguin.*

Ce militaire entra à l'hôpital, le 13 de juin à midi, avec tous les symptômes du choléra. Il nous offrit l'aspect d'un homme extrêmement pléthorique. Nous crûmes devoir essayer la saignée qui ne réussit pas non plus qu'une application de sangsues à l'épigastre, et six ventouses qui fournirent à peine un demi-verre de sang; alors nous nous décidâmes à appliquer les frictions stimulantes et à l'emploi de 36 grains d'ipécacuanha combinés avec deux grains de tartre stibié, donnés en trois doses; dans l'espace d'une heure et demie, le malade rejeta avec ses vomituritions muqueuses six vers lombrics. Les coliques devinrent plus violentes et les selles plus fréquentes, mais les vomissemens cédèrent à l'emploi des boissons gazeuses antispasmodiques. Le 14, la diaphorèse se prononça, la cianose disparut, et la maladie

marcha vers la guérison. Le 21, jour de notre dernière visite à l'hôpital d'Aire, il était
déjà en pleine convalescence.

On remarquera sans peine , malgré le
tempéramment pléthorique de l'individu ,
l'excellence de la méthode contre-stimulante.
Nous avons aussi laissé en pleine convalescence à l'hôpital d'Aire , après un traitement
éclectique , dans des cas de choléra très-
prononcés , et après 8 , 9 et 11 jours de
traitement, les nommés Chauvain, grenadier
au 33.ᵉ de ligne ; Giraud, id., et Barthéleini,
voltigeur au même régiment ; et nous avons
laissé en traitement , mais touchant à leur
convalescence, les nommés Currat, volti-
tigeur au 8ᵉ de ligne et Grandet, fusilier au
même régiment. Nous devons ajouter que
sur quatre infirmiers civils qui ont soigné
nos cholériques militaires, deux sont morts
du choléra, et les deux autres l'ont eu, mais
en sont guéris; des soldats de bonne volonté
les remplacèrent jusqu'à notre départ.

On voit d'après le détail de ceux qui sont
morts et de ceux qui sont guéris pendant

cette terrible recrudescence de la maladie , que le nombre des militaires essentiellement atteints s'est porté à vingt - un , dont huit morts , sur plusieurs desquels le traitement éclectique n'avait pas été appliqué , et treize ont été sauvés par cette méthode.

Nous avons eu à visiter en ville un assez grand nombre de malades parmi les officiers de la garnison , et même parmi les gens du peuple, les officiers de santé d'Aire s'étant un peu humanisés. Nous soignâmes entre autres M. Bonnard , chirurgien-major du cinquième de dragons, qui , comme nous l'avons dit, avait été saisi du choléra immédiatement après une autopsie : les moyens contre-stimulans , d'après nos doctrines éclectiques , lui furent appliqués avec succès. Au bout de trois jours , sa maladie se changea en une gastrite assez intense dont le traitement fut de longue durée et difficile ; il n'entra en convalescence qu'après 27 jours de souffrances. Le fils de M. le baron Laffitte, colonel du 5e régiment de dragons , fut également confié à nos soins; il nous offrit le cas le plus grave et le plus intense que nous eussions encore eu l'occasion d'observer ; il fut encore guéri par les méthodes excitantes et contre-stimulantes appliquées avec vigueur; chez lui le choléra disparut le cinquième jour , pour faire place à une congestion de la poitrine. Le jeune homme était pléthorique et robuste ; les émissions sanguines furent prodiguées, mais seulement alors; la guérison du malade couronna nos efforts dans quatorze jours. MM. le major du 5.e régiment de dragons , de Morange et Bouchard , capitaines au même régiment, Delsol, adjudant au premier bataillon du 33.e ; Gobert, capitaine au même bataillon , durent également leur guérison à l'application des mêmes méthodes

Nous devons dire que nous ne perdîmes pas un seul des officiers qui nous honorèrent de leur confiance en ville ; M. Bouteaux , chirurgien civil de l'hospice, d'après les conseils que nous lui donnâmes, s'appliqua la méthode que nous préconisons, et il fut à l'abri de tout danger,

Je dirai plus bas comment furent guéris

MM. Godfroy et Huiliot, aides-majors du 5.ᵉ de dragons. Nous devons avouer que la méthode contre-stimulante et expansive n'a pas toujours réussi, et nous ne prétendons pas être exclusifs. Notre expérience nous a prouvé, dans d'autres maladies épidémiques, que tel moyen employé sous tel climat, dans telle localité, doit être modifié dans telle autre. Le médecin éclairé doit tou-

---

(1) Les praticiens de bonne foi ont dû être étonnés de ce que M. le professeur Broussais, dans le traité sur le choléra, qu'il vient de publier tout récemment, pousse l'exagération ou plutôt le fanatisme de sa doctrine jusques à nier les succès les mieux constatés obtenus par une méthode contraire à la sienne. M. Broussais aurait-il été aigri par les exagérations dont il a été lui-même la victime ?

L'illustre chef de la secte physiologique doit être au-dessus des petites passions humaines, et il est indigne de lui de descendre à la récrimination, et d'employer les armes dont on s'est servi contre lui. L'homme savant, l'homme d'honneur doit toujours respecter les convenances et la vérité, et la haute position dans laquelle s'est placé cet homme justement célèbre ne l'autorise point à condamner exclusivement des doctrines dont les résultats peuvent soutenir victorieusement l'épreuve de la comparaison avec celles qu'il professe avec tant d'éclat, mais non pas, nous pouvons l'affirmer hardiment, avec des succès plus marqués.

jours faire la part des circonstances ; l'âge, le tems, le lieu, le tempérament, les habitudes doivent être pris en considération. En Afrique, où nos soldats étaient sans cesse débilités par les effets d'un climat brûlant et d'une fièvre dyssentérique, les moyens toniques nous réussirent, tandis qu'en Russie, sous l'empire d'une maladie semblable, et par un froid assez vif, nous employâmes les antiphlogistiques avec le plus grand succès, par les conseils du célèbre médecin Sinadeski, qui professait les dogmes de la médecine physiologique, bien long-tems avant qu'elle n'eût empiété à Paris sur les principes éclectiques. Nous citerons un fait remarquable à l'appui de notre système dans le traitement du choléra qui, à notre avis, doit souffrir moins de modifications que celui de toute autre maladie, puisqu'il suit la même marche, et présente les mêmes phénomènes, chez tous les hommes et dans tous les pays, comme nous l'avons dit plus haut.

Nous avons vu à Aire une femme, mère de huit enfans, mais encore vigoureuse et robuste, saisie d'une manière affreuse par la maladie, entrer dans une transpiration abondante et instantanée, après avoir avalé un grand verre de rhum qui lui fut donné par une servante. Cette femme fut guérie dans vingt-quatre heures.

Son mari et six de ses enfans furent plus ou moins atteints du choléra, elle les guérit tous sans appeler aucun secours, avec le même moyen. Ces faits sont positifs, ils ont été constatés par nous. Nous savions par la voix publique que les villages des environs d'Aire étaient frappés de l'épidémie et que la mortalité y régnait moins que dans la ville. M. Godfroy et moi résolûmes de nous assurer par nous-mêmes jusqu'à quel point ces bruits étaient fondés ; nous parcourûmes plusieurs de ces villages où nous vîmes quelques malades et beaucoup de convalescens de tout âge et de tout sexe ; nous demandâmes à ces bonnes gens quels étaient leurs médecins, ils répondirent qu'ils se garderaient bien d'en consulter, et ils nous dirent que dès que quelques-uns des leurs tombait malade, ils s'empressaient de les frictionner jusqu'à leur enlever l'épiderme avec de l'eau-de-vie, du vinaigre, de l'ail écrasé, et de leur faire avaler une grande quantité de vin très-chaud, bien aromatisé avec de la canelle, du girofle et de la muscade. Nous devons cependant ajouter que nous vîmes beaucoup d'individus, ou plutôt beaucoup de familles habillées en noir, ce qui nous convainquit qu'on avait exagéré le nombre des guérisons.

Plus de cent individus de la classe indigente furent transportés à l'hospice civil d'Aire, avant le premier juin, pour y subir un traitement entre les mains de M. WAVVRIN, officier de santé, chargé de ce service ; tous périrent, excepté quatre. M. Wavvrin adoptait presqu'exclusivement les méthodes antiphlogistiques, mais nous devons dire que l'établissement était mal tenu, et mal fourni des ressources nécessaires. Depuis le premier de juin nous ne nous informâmes plus du nombre des malades portés à l'hospice d'Aire; notre curiosité à cet égard paraissait déplaire au médecin qui les soignait, et plus encore à l'administration del'hospice, qui peut être avait quelque chose à se reprocher.

Les officiers de santé de la ville ne réus-sirent guère mieux auprès de leurs nombreux malades. M. Godfroy qui, pendant la mala-die de M. Bonnard et après sa propre gué-rison, eut l'occasion de traiter un grand nombre de personnes et surtout d'officiers de son régiment, employa constamment la méthode perturbatrice et contre-stimulante, et obtint de nombreux succès ; cependant sa croyance médicale est toujours en faveur de la médecine physiologique dans laquelle il a été élevé.

Quelques jours avant notre départ d'Aire, le choléra paraissait être arrivé à sa période décroissante; au moment où nous sommes partis il avait repris toute sa fureur. Les sol-dats du 8.e de ligne surtout nouvellement arrivés, étaient ses victimes, tandis que les militaires de l'ancienne garnison d'Aire avaient très-peu, ou même pas du tout de, malades. Il est à remarquer que la masse des individus qui vit sous l'empire d'une épidémie, et surtout de celle dont il s'agit, ne jouit pas de la plénitude de la santé. Presque tous les habitans d'Aire étaient plus ou moins atteints d'indispositions qui présentaient, pour la plupart, quelques légers symptômes de la maladie régnante. Nous avons fait la même observation, pendant notre long voyage d'Aire à Pont-à-Mousson, en passant par Paris et traversant constamment, jusqu'à notre destination, des pays désolés par cet épouvantable fléau. Partout nous avons vu des physionomies plus ou moins souffrantes, le dégoût, la tristesse et le deuil. Le concours simultané des miasmes délétères, des communications forcées de la terreur et de l'épouvante sont des causes suffisantes pour amener chez tous les habitans d'une cité, d'un village, cette anxiété, cette prédisposition qui les soumet à une influence plus ou moins directe de la maladie tant redoutée. Avant d'examiner si la force morale, si la résistance à la maladie, suffisait pour en délivrer lors même qu'elle a commencé son action désorganisatrice, nous dirons un mot de l'invasion du choléra dans la ville de Metz, où nous avons été appelé temporairement à faire le service du médecin en chef qui était lui-même malade, ainsi que le second professeur de l'hôpital militaire d'instruction.

LE CHOLERA

OBSERVÉ A METZ.

Le choléra, parti de la capitale, s'était étendu vers l'est de la France, et avait dejà marqué son passage à Meaux, à Château-Thierry, à Epernay, à Châlons, à Verdun, et, vers la fin d'avril, il avait commencé à faire une apparition dans la ville deMetz, d'où il s'était étendu à Thionville, à Bar-le-Duc, etc., etc. Il fit peu de victimes à Metz, pendant sa première apparition, et le peuple de cette grande et belle ville était rassuré. Il est à remarquer que long-tems avant que l'épidémie n'éclatât dans toute sa fureur, elle commença par des prodrômes précurseurs ; ceci est une preuve évidente de l'importation ou de la contagion. Un voyageur arrive avec la maladie et la transmet dans la maison isolée qui ou il se réfugie. Un citadin qui revient des pays infectés apporte dans

sa famille le fléau qui commence par faire
quelques obscures victimes; souvent même,
il s'etablit inaperçu, soit que les gens de l'art
prennent le change sur sa nature , soit que
les parens de ceux qui en sont atteints soient
discrets, parce qu'ils craignent d'attirer sur
eux l'animadversion publique. Un autre craint
que la connaissance de la maladie dans son
domicile ne nuise à ses relations commer-
ciales. Celui-ci est un ouvrier qui ne veut
point éloigner ses pratiques. La profession
de celui-là le rapproche tous les jours d'un
grand nombre de citoyens. En attendant la
contagion gagne de proche en proche, elle
s'étend, elle engendre l'infection qui, de lo-
cale et particulière , devient générale. Alors
l'épidémie éclate dans toute sa force, la frayeur
et l'épouvante amènent les prédispositions ,
ou les conditions de susception , et tout-à-
coup le cri d'alarme est poussé. L'ennemi
s'est emparé de la place ! A Metz, l'autorité
militaire avait pris de grandes mesures, aussi
la nombreuse garnison de cette ville a-t-elle
peu souffert. M. le baron DUFOUR inten-

dant de la 3.e division militaire , avait sage-
ment pensé, que l'isolement et la division
étaient les plus sages précautions , aussi
avait-il sollicité du ministre l'établissement
d'un nouvel hôpital militaire à Pont-à-Mousson. Les soins de la salubrité préventive la
plus minutieuse furent prodigués aux soldats
dans les magnifiques casernes de la place de
Metz, et toutes les ressources médicales
avaient été rassemblées à l'hôpital par les
soins de M. le sous-intendant-militaire Roux
dont le zèle et le courage, dans cette fatale
circonstance, sont au-dessus de tout éloge.
Honneur à ces deux administrateurs philan-
thropes, dont la sagesse a su préserver les
défenseurs de la patrie, du cruel fléau qui
a dévoré tant de populations ! en eux la confiance du souverain est bien placée ! la patrie les honore d'un sourire flatteur, et la
bénédiction du soldat est pour leur cœur généreux la plus douce récompense ! Elle leur
sera profitable.

Ce fut vers le commencement de juin que
l'épidémie éclata à Metz dans toute sa force;

son caractère était le même que partout
ailleurs, et comme dans d'autres villes il y
eut dissidence sur la manière de traiter les
malades, comme dans la doctrine sur le
principe de la maladie. Les physiologistes
qui ne voient dans l'affection cholérique
qu'une gastrite aiguë, employèrent à force
le traitement antiphlogistique, la lancette,
les sangues, les débilitans : ils eurent peu
de succès. D'autres firent subir à leurs malades un traitement mixte. Ce traitement
offre très-peu d'avantages réels, parce qu'il
est contradictoire, et que celui qui l'emploie
détruit, par l'application d'un moyen, ce
qu'il avait obtenu par l'application d'un autre. Ceux-ci employaient les frictions excitantes sur les membres et le long de la colonne vertébrale et les topiques synapisés,
en même tems que les applications de sangsues à l'extérieur et la glace à l'intérieur.
Le plus souvent les saignées et les sangsues,
comme nous l'avons déjà observé, ne produi-
sent pas d'effet. Quant à la glace, nous la re-
gardons comme un palliatif de la douleur,

et même assez souvent comme un réactif, quand on en use avec modération. La glace, en portant une action subite sur les parois internes de l'organe digestif, crispe les sommités finales des vaisseaux capillaires et refoule le sang dans les vaisseaux d'un plus grand calibre qui, trop pleins eux-mêmes, doivent le verser dans les principales veines, et par là ramener la circulation à la périférie. Mais quel est le médecin qui ne sait pas que l'abus de la glace peut occasioner le choléra sporadique, la cessation subite de la digestion et de la circulation? Nous-même, dans notre jeunesse, après avoir avalé une certaine quantité de glaces ou de sorbets, à la suite d'un repas, avons été saisi d'une violente cardialgie avec sueur froide, débilité complète et diarrhée. Quel est le jeune gastronome qui n'a pas éprouvé plusieurs fois ces accidens? et quel est celui qui ignore qu'en pareil cas le moyen le plus certain de rétablir les fonctions digestives, est d'avaler une liqueur spiritueuse? *Experto crede Roberto.*

Nous avons vu un jeune homme très-robuste, chez un médecin du Midi, à la suite d'un dîner splendide, pendant lequel il avait été sobre, mourir dans des douleurs cruelles d'estomac, pour avoir pris une glace immédiatement après une tasse de café très-chaud. Sa figure se décomposa presque comme dans le choléra, et il éprouva des nausées convulsives, la diarrhée et des crampes violentes. L'application de la glace à l'extérieur nous paraît plus efficace, et, sans cependant nous rendre une raison positive de son mode d'action, nous jugeons par analogie, comme on est souvent obligé de le faire en médecine. Dans la terrible retraite de Moscow, lorsque nos malheureux soldats avaient les membres gelés, l'expérience nous apprit que le meilleur de tous les moyens pour rétablir chez eux la circulation, était de les frictionner fortement avec des boules de neige.

Ce moyen ne fut presque jamais infructueux. Malheur à ceux qui ayant les membres gelés s'approchaient près d'un feu ardent. Personne ne s'avisa, je pense, de leur faire avaler de la neige; cependant l'homme qui meurt de froid meurt asphyxié, comme celui qui meurt du choléra. Chez l'un comme chez l'autre, il y a interruption dans la circulation, et refoulement du sang vers l'intérieur.

Toutefois, nous sommes bien éloignés de proscrire entièrement la glace à l'intérieur, nous n'en condamnons que l'abus.

Il existe enfin à Metz des médecins qui ne s'écartent jamais des méthodes éclectiques. De ce nombre sont MM. Mousseux, ancien médecin principal des armées, et M. le chirurgien-major du 2.ᵉ régiment d'artillerie. Ils ont obtenu par leurs méthodes perturbatrices et contre-stimulantes de nombreux et brillans succès. Ils ont constamment admis l'emploi de l'ipécacuanha, à doses fractionnées et souvent répétées, dès le moment de l'invasion : l'ipécacuanha de préférence au tartre stibié, d'abord parce qu'il est moins incendiaire, et ensuite par rapport à sa spécialité sudorifique. Ils admettent en même tems les moyens stimulans à l'extérieur, et enfin les émissions sanguines

dans la période de réaction. Les médecins
physiologistes sont épouvantés de ce traitement. Que craignent-ils? une surexcitation?
Il est probable qu'elle arrivera; mais qu'importe? Ne vaut-il pas mieux avoir à faire à
une gastrite aiguë très-intense, à une pneu-
monie, à une céphalite qu'au choléra? Lorsque j'ai ramené chez mon malade cholérique
la chaleur, la transpiration et la circulation,
ne suis-je pas à peu près le maître de son
existence? N'ai-je pas alors entre mes mains
les moyens, qui ne sont nullement nouveaux,
de détruire les congestions, les déplétions
sanguines, les moyens tempérans et les révulsifs? Cette assertion souffre très-peu
d'exceptions, et il n'est pas plus difficile de
guérir un individu atteint de la phlegmasie
d'un ou de plusieurs organes internes, à la
suite du choléra, que de guérir celui chez
lequel ces affections sont survenues sous
une toute, autre influence. Dans le dernier
cas comme dans le premier, il n'est pas de
médecin qui ne perde quelques malades.

L'épidémie fut très-intense à Metz; on a

perdu, pendant plus d'un mois, de cin-
quante à soixante-et-quinze malades par
jour. Nous fûmes appelé dans cette ville
par les ordres de M. le baron Dufour, in-
tendant de la division, le 19 juillet, pour y
prendre par intérim le service en chef de
l'hôpital militaire d'instruction, MM. Moisin
et Boisseau, premier et second professeurs,
étant tombés malades par suite de leur zèle
et de leurs fatigues. comme nous l'avons
déjà dit. La garnison de Metz, composée de
dix mille hommes, n'avait fourni jusque là
que soixante-huit cholériques à l'hôpital militaire, et, parmi eux, la plus grande partie
avaient été grièvement atteints; il en avait
péri quarante-huit. Ces malades avaient été
traités par les méthodes antiphlogistiques;
mais les savans médecins de l'établissement
ne gênèrent nullement ma conscience médicale, et ils furent les premiers à applau-
dir à des succès étrangers. Pendant les vingt
jours que je restai à Metz, j'eus quatre
cholériques à traiter. Ils étaient si violem-

ment atteints que j'espérais très-peu de mes soins; cependant en employant toujours la médication qui m'avait réussi ailleurs, j'eus le bonheur de les sauver.

QUATRIEME SERIE

DES OBSERVATIONS.

PREMIÈRE OBSERVATION.

M. DOMLEVI, *officier de pontonniers. Tempérament débile et d'une maigreur extraordinaire.*

M. Domlevi fut transporté à l'hôpital, le 25 juillet, atteint d'une gastrite aiguë, à la suite de quelques excès et d'un voyage de six lieues, à pied, par une forte chaleur. Il devint cholérique le 26, et il était saisi de tout l'ensemble des symptômes. Son état de débilité, qui avait été augmenté par une forte application de sangsues faite par le chirurgien de garde, ne me permit pas d'abord de lui appliquer l'ipécacuanha; mais les autres moyens sudorifiques et réactifs, combinés avec les excitans extérieurs, n'étant pas suffisans, je me décidai à lui administrer dix-huit grains de cette substance, en trois doses.

Ce médicament réussit, et le malade marcha assez franchement à la convalescence, qui arriva le 3 août, jour auquel il lui fut permis de prendre une crême ua salep.

DEUXIÈME OBSERVATION.

PASQUIEZ, *soldat au* 65.e *de ligne. Tempérament nerveux.*

Entra à l'hôpital le 27 juillet, saisi du choléra, qui se manifestait chez lui d'une manière très-intense. Il subit le traitement éclectique si souvent détaillé plus haut, et passa à la salle des convalescens, le 4 août.

TROISIÈME OBSERVATION.

LELONG, *soldat au* 9.e *d'artillerie. Tempérament sanguin.*

Ce militaire entra à l'hôpital le 27 juillet, en proie à tous les symptômes du choléra. Il subit le traitement, déjà indiquée, passa le 4 août à la salle des convalescens.

QUATRIÈME OBSERVATION.

M. MARK, *sous-lieutenant porte-drapeau au 26.ᵉ de ligne. Tempérament pléthorique et athlétique.*

Cet officier entra à l'hôpital le 28 juillet. J'ai vu peu de malades aussi complètement saisis de tout l'ensemble des phénomènes de cette cruelle maladie. Malgré l'emploi des réactifs émétiques réitérés plusieurs fois, et des moyens excitans les plus énergiques, comme les moxas, les cautères transcurrens, l'eau bouillante, le fer brûlant, etc., la période algide dura chez lui sept jours. Il est possible que l'emploi continuel de la glace que les infirmiers lui donnèrent long-tems à mon insu, par ordre d'un élève, fût la cause de cette persistance du mal. Le septième jour, une violente hépatite se manifesta ; trois applications de sangsues, l'une à l'anus et deux consécutives sur l'hypocondre, ne diminuèrent nullement la douleur qui était intolérable ; d'ailleurs, les sangsues ne produisaient que très-peu d'effet, les piqûres saignaient à peine. Un large vésicatoire camphré sur l'hypocondre ramena le calme, la chaleur et la transpiration, et après plusieurs alternatives de mieux et de pis, le malade, par la continuation du traitement stimulant et révulsif, entra en convalescence le 8 août.

Pendant les vingt jours que je passai à Metz, j'eus occasion de donner mes soins à plusieurs personnes de la ville. J'employa toujours ma méthode éclectique, et j'eus le bonheur de sauver les six malades que je soignai et qui étaient gravement atteints : ils appartenaient à la classe indigente.

Je repartis de Metz pour Pont-à-Mousson, le 10 août, emportant la satisfaction d'avoir eu quelques succès, et le regret de quitter cette belle ville, où je laissai des confrères qui m'avaient accueilli avec cordialité et des administrateurs si distingués qui daignèrent m'honorer de leur estime.

EFFICACITÉ DE LA FORCE MORALE.

Examinons maintenant si la force morale

et l'énergie physique suffisent pour empêcher les principes du choléra de se développer, même chez un individu sur lequel il aurait commencé son action désorganisatrice.

L'influence réciproque du moral sur le physique est incontestable, mais il y a loin de l'influence à l'empire ; il est certain que le physique ne peut exercer un empire despotique sur la partie morale de notre être, quoique ses plus puissans auxiliaires soient les plaisirs des sens. Le créateur nous ayant donné le libre arbitre de la volonté, le moral est toujours prêt à dompter le physique, ou à s'opposer à sa tyrannie. Il est même presque évident qu'une volonté forte, qui n'est que le résultat des combinaisons morales de notre être, peut dominer et subjuguer le physique. Les maladies sont des effets purement physiques. On a vu des hommes dont l'âme ferme surmontait la douleur et la faisait presque oublier. On me dira : Comment une volonté, décidé qui n'est et ne peut être que l'expression de notre ame, pourra-t-elle surmonter ou vaincre une mala-

die dont la première action est de suspendre
les fonctions de la vie organique, de cette
vie que les physiologistes prétendent être
sous l'influence directe de l'appareil ganglionnaire? Je répondrai : La vie extérieure
domine de son influence l'appareil nerveux
cérébral, et cet appareil excerce à son tour
une influence d'action sur l'appareil ganglionnaire. Les nerfs du cerveau, que l'on peut
appeler volontaires puisqu'ils reçoivent les
impressions et analysent les sensations, sont
directement soumis à l'âme, dont ils sont
les premiers agens physiques; car on ne peut
pas, sans toucher à l'absurde, supposer que
ces nerf *matériels* puissent être la source
de l'intelligence à laquelle ils sont essentiellement obéissans, et dont ils exécutent,
pour ainsi dire, la volonté immédiate, ou à
laquelle ils transmettent les sensations qui
leur sont communiquées par l'appareil ganglionnaire. L'on enseigne en physiologie que
les organes de la nutrition, de la digestion,
de la respiration et de la circulation, sont
à leur tour soumis, du moins en grande par-

tie, à l'influence de l'appareil ganglionnaire.
Je dis en partie, parce qu'il existe des organes qui obéissent aux deux influences.
L'influence nerveuse organique cérébrale
se distingue de l'influence organique ganglionnaire : la première est soumise à l'habitude et à l'intermittence d'action, elle ne
s'exerce qu'en vertu de la volonté ou de l'action d'un agent inconnu, étranger à la matière; l'autre, au contraire, est continuelle,
spontanée, non provoquée, quoiqu'à certains égards soumise à l'empire marqué de
la première. Ces principes posés, il s'ensuit
que la volonté, qui n'est que l'expression de
l'âme, domine le mécanisme des deux appareils, qui, à leur tour, et l'un par l'autre do-
minent les fonctions des organes. Ainsi quel-
ques-unes de ces fonctions sont soumises à
la volonté. On a vu des hommes qui vomis-
saient à volonté; j'en connais un, M. le docteur Anglade de Rodez, au département de
l'Aveyron. Or, il est évident que l'estomac
qui reçoit des nerfs des deux appareils, et
qui par sa destination appartient à la vie

intérieure, participe aussi des caractères de la
vie extérieure. Le diaphragme et les poumons
sont, jusqu'à un certain point, soumis à
l'empire de la volonté, puisqu'on peut suspendre long-tems la respiration. L'histoire
nous rapporte que des esclaves romains,
pour obéir à leurs exécrables maîtres, se
donnaient la mort en retenant leur haleine.

La vessie et le rectum, qui ne sont pas
continuellement en action, sont en partie
soumis à l'empire de la volonté, puisque
l'on retient long-tems l'urine et les excrémens, malgré l'état de gêne et de souffrance
que l'on éprouve. Et combien de fois n'a-
vons-nous pas vu des militaires témoigner
le dédain de la souffrance, et insulter à la
douleur par un sourire, alors qu'ils subis-
saient les opérations les plus dangereuses et
les plus cruelles. Nous rapporterons quelques faits qui prouvent qu'une volonté ferme, une résistance opiniâtre, peut vaincre
le choléra-morbus, lors même qu'il a commencé son action sur un individu.

Nous avons dit qu'à la suite de l'autopsie

du cadavre d'un cholérique, plusieurs personnes furent immédiatement saisies des symptômes du choléra-morbus. M. Godfroy, aide-major au cinquième régiment de dragons, sortit de l'amphithéâtre avec des nausées fatigantes et des crampes très-douloureuses. Il retint le vomissement avec bien de la peine, et s'agita beaucoup par une longue promenade à pas précipités. De tems en tems il était saisi par un froid subit de tous ses membres ; mais l'exercice violent ramenait la chaleur, et alors il suait à grosses gouttes.

Entré dans un café, il but un verre de rhum et continua sa promenade. Saisi par la diarrhée il rentra chez lui et prit deux demi-lavemens avec une solution de gomme et quatre grains d'extrait gommeux d'opium. Encore saisi par un froid subit, il eut recours de nouveau à une dose de rhum plus ample que la première, et il sortit encore pour continuer à s'agiter. M. Wesau, docteur en médecine d'Hazeburg, rencontra M. Godfroy dans un état de détérioration non équivoque; il en fut frappé, et l'engagea, sans peine, à monter dans son cabriolet, pour le suivre à Hazeburg. M. Godfroy nous a raconté qu'il avait laissé le choléra aux portes d'Aire ; qu'à proportion qu'il s'éloignait de cette ville empestée, l'air pur des champs, la vue des arbres et de la verdure, portaient le baume dans ses veines et donnaient de l'activité à son être. Il dilatait avec joie les poumons, en les remplissant de l'air embaumé des fleurs printannières. A Hazeburg où il passa deux jours il participa sans accidens à tous les plaisirs qu'on s'efforça de lui procurer, même à ceux de la table. Le troisième jour, il repartit, et en approchant des portes de la ville d'Aire, il nous a déclaré qu'il avait été saisi de frayeur et d'un frisson involontaire, croyant respirer les miasmes de la mort. A Aire la diarrhée le reprit dès son arrivée, et elle lui dura long-tems sans autre accident.

M. HUILIOT, aide-major au même régiment, fut saisi, sous l'influence de la même cause, de quelques-uns des symptômes du choléra ; ce jour-là même, il était invité à un dîner d'apparat : malgré des crampes douloureuses, malgré des nausées continuelles, la diarrhée et une violente cardialgie, il ne manqua pas à son invitation ; il mangea comme de coutume, il but des vins généreux, du café, de la liqueur, même du punch ; il se coucha ensuite et fut pris dans la nuit d'une diaphorèse qui bientôt amena une transpiration abondante. Cette transpiration dura vingt-quatre heures. Tous les accidens disparurent, excepté la diarrhée qui dura quelques jours sans intensité ; et M. Huiliot, au bout de quarante-huit heures, avait déjà repris son service.

Un canonnier du 8.e faisant partie d'un détachement qui était en garnison à Aire, et qui était commandé par M. de la Patrière, lieutenant au même régiment, fut saisi de l'ensemble des symptômes du choléra. Appelé près de lui nous le trouvâmes dans son lit avec commencement de cianose, crampes, vomissemens, etc., etc. Nous devons dire qu'il avait fait excès de vin la veille. Il était hors d'état d'aller de pied à l'hô-

pital, ne pouvant se tenir debout; il y fut
transporté sur un matelas. En arrivant, je
je le fis placer dans un bain chaud, dans une
des salles basses, et je dis aux infirmiers,
assez haut peut-être pour être entendu de
lui, de le transporter dans une demi-heure
à la salle des cholériques. Je le quittai moi-
même pour aller revoir un autre cholérique
entrant. L'ordre que je venais de donner fit
sur le canonnier une impression si profonde
qu'il entra en fureur, sortit du bain, s'ha-
billa en présence de ses camarades qui étaient
encore près de lui, chargea le matelas sur
ses épaules et s'en alla à son quartier, en
poussant des cris d'effroi. Il fut à l'instant
saisi d'une abondante transpiration. Dès le
le soir même, les symptômes du choléra
avaient disparu, le lendemain il était guéri.

Nous pensons que le bain chaud fut un
puissant auxiliaire pour ramener la réaction
spontanée.

La lutte que livra au choléra M. le vicomte de MURAT, capitaine d'artillerie, et
dont les officiers de la garnison de Metz ont

été témoins, offre des phénomènes extraordinaires. C'est véritablement une lutte corps-
à-corps entre la maladie et celui qu'elle
s'efforce en vain de faire sa victime. Ce jeune
homme, doué d'une force d'âme et d'une
énergie peu communes, fut atteint de graves
symptômes du choléra-morbus, après avoir
visité un de ses amis mourant de l'épidémie.

Il résolut de combattre seul la maladie,
et de l'emporter sur elle. Il s'empêcha de
vomir, autant qu'il fut en lui, en retenant
les vomissemens; il sortit hors de sa demeure
pour se livrer à un violent exercice. Après
quelques minutes, il éprouva à l'épigastre
des douleurs subites semblables à celles que
procureraient [des charbons ardens. (Nous
prévenons que nous rapporterons les propres
expressions de M. le vicomte de Murat.)
Ces douleurs étaient accompagnées de crampes violentes, et d'une soif ardente avec
appétence de boissons froides et acides. Il
but copieusement de la limonade avec du
vin d'Espagne, et entra dans une salle d'armes, où il se livra à l'exercice de l'escrime

jusqu'à ce que la transpiration fût un peu établie chez lui ; alors il se reposa, et peu d'instans après il éprouva la sensation désagréable que ressentirait un homme que l'on couvrirait spontanément d'un voile glacé, qui se colerait à tous ses membres en état de transpiration. Il but une certaine quantité de liqueurs spiritueuses, se leva de son siége, et avec la plus grande difficulté se remit en mouvement. Ayant recouvré la souplesse de ses membres, il marcha rapidement sur une promenade. Bientôt un nouveau genre de supplice vint le tourmenter; il lui sembla que du plomb fondu et brûlant coulait dans ses entrailles, en même tems qu'un jet de glace tombait d'aplomb sur sa tête et le long de l'épine dorsale. Le vigoureux athlète continua sa terrible lutte ; il entra dans un café où il but une forte dose de punch au rhum, et continua à se procurer un violent exercice. Son ennemi l'attaqua sous plusieurs autres formes, et le jeune militaire lui opposa toujours la plus vigoureuse résistance, évitant surtout de se coucher et de se laisser abattre par la terreur. Enfin, il ne cessa le combat que lorsque le choléra cessa lui-même ses attaques. Il ne lui resta de cette lutte pénible qu'une diarrhée incommode, qui dura pendant huit ou dix jours. Je pourrais citer plusieurs autres faits qui viendraient à l'appui de mon assertion ; mais mon Mémoire deviendrait trop long, et je m'aperçois que depuis long-tems j'ai dépassé le but que je m'étais proposé.

Je conclus en disant que malgré certaines conditions de prédisposition, la terrible influence de l'épidémie et les moyens de contagion, l'homme qui conserve de la force d'âme, qui brave la maladie et ne la craint pas, l'évitera certainement, ou parviendra à la vaincre plus facilement que celui qui sera terrifié ; car l'épouvante est, sans contredit, la plus dangereuse des prédispositions.

DU TRAITEMENT.

A la fin d'un Mémoire sur une maladie extraordinaire, il est d'usage de dire un mot sur le traitement et sur les moyens préventifs. Ma méthode thérapeutique n'est point essentiellement exclusive, mais elle est, avant tout, éclectique. On peut déduire facilement de mes observations les moyens que j'emploie.

Je conviendrai qu'il est des cas où un tempérament pléthorique commande impérieusement les émissions sanguines qui peuvent enrayer la maladie ; mais il ne faut pas, même dans ces cas, insister sur un moyen qui tend à diminuer les forces physiques dans une affection où le malade est bientôt en proie à la plus complète adynamie : *Laissez à ceux que vous traitez la force d'être malades.* Les saignées ne sont applicables dans mes principes qu'aux individus pléthoriques chez lesquels le choléra s'annonce par des prodrômes précurseurs qui , d'après certains praticiens , constituent la première période de la maladie. Quant à uous , nous ne reconnaissons que deux périodes dans le choléra essentiel et spontané *duquel seulement nous avons parlé dans cet écrit*. Nous allons dire un mot des symptômes précurseurs de cette maladie chez ceux qu'elle attaque par ses avant-coureurs.

DES SYMPTOMES

PRÉCURSEURS DU CHOLÉRA,

OU DE LA CHOLÉRINE.

———

Lorsque le choléra est déclaré dans une contrée, dans une ville, les habitans ne tardent point à s'apercevoir qu'ils vivent sous une influence morbide qui les amène à un état plus ou moins marqué de souffrance. Chacun peut s'être convaincu de la vérité de cette assertion dans les localités où ce fléau a exercé ses ravages. Que cet état de gêne et de souffrance soit l'effet de l'épidémie, ou seulement celui de la peur, il existe, et l'un prédispose singulièrement à l'autre. En général on éprouve de l'abattement, l'on fait de mauvaises digestions, l'on ressent une certaine fatigue dans les mem-

bres et surtout aux jambes, dès que l'on en-
treprend un exercice un peu suivi; mais ce
qui caractérise principalement cet état, c'est
cette susceptibilité nerveuse qui fait que la
moindre impression provoque des tiraillemens douloureux à l'intérieur, mais qui sont
de peu de durée, et cette crainte vague de la
maladie qui existe chez ceux-là même qui
la bravent avec plus de courage. Jusques-là
ce n'est point encore le choléra, c'est l'é-
tat habituel de tous les individus qui vivent sous son influence épidémique......
Mais lorsqu'à ces symptômes généraux se
mêlent des symptômes particuliers et indi-
viduels, comme la céphalalgie, les vertiges,
la diarrhée, un sentiment de pesanteur à
l'estomac, avec des nausées, un grand ac-
cablement, quelques douleurs, ou plutôt une
grande gêne, une grande fatigue aux jambes et aux cuisses, ainsi que des impressions
subites de souffrance qui ressemblent à des
étincelles de feu qui passeraient rapidement
dans les muscles, des douleurs vagues à la
région abdominale, suivies de quelques

tranchées, c'est le cas d'agir, l'ennemi s'a-
vance.

Alors les saignées locales et générales,
non-seulement comme moyens préventifs,
mais même comme moyens curatifs, sont
très-bien indiquées.

Plusieurs médecins distingués ont cru que
la première action du principe morbifique
était directe sur la masse du sang elle-même.
Cette opinion nous paraît une erreur : à la
rigueur, on pourrait expliquer par elle les
phénomènes de la stase, de la circulation et
du refoulement du liquide phlogistique à
l'intérieur, même jusqu'à un certain point,
ceux des embarras de la respiration et de la
tendance à l'asphyxie; mais les autres phénomènes observés dans le choléra ne paraissent pas la conséquence naturelle de la
lésion du sang. L'opinion de M. Delpech, de
Montpellier, qui place la première action du
principe morbifique sur les nerfs ganglionnaires, nous paraît devoir prévaloir à cause
de leur action directe sur tous les viscères
abdominaux, et même dans le système de

10 *

la circulation lui-même. Il nous paraît que les médecins qui admettent la première opinion que nous venons d'énoncer, prennent un effet secondaire pour le premier effet de la cause primordiale.

Après l'application des saignées générales et locales qui tendent à rétablir la circulation au moment où elle menace d'être interrompue, et qui sert à diminuer l'éréthisme nerveux, on admettra avec raison l'application des tempérans, les bains tièdes, les boissons gommeuses émollientes et les diaphorétiques légers avec quelques moyens stimulans à l'extérieur employés, soit sous la forme de topiques, soit sous la forme de frictions. Il est rare que cet état morbide que l'on a improprement appelé la cholérine, ne cède à l'emploi de cette médication et que la maladie ne soit enrayée ou avortée.

Passons à la période algide.

DE LA PÉRIODE ALGIDE

OU CELLE DU FROID.

Jusqu'ici nous n'avons considéré dans le choléra morbus essentiel que deux périodes, celle du froid qui est produite par la cessation spontanée des fonctions organiques et celle de la réactionon de la chaleur, qui n'arrive que lorsque les organes commencent à reprendre le cours de leurs fonctions. La convalescence ne constitue point une période de la maladie, puisqu'elle est le retour à l'état physiologique, et que, lors de son arrivée, il n'existe plus rien dés symptômes qui constituent le choléra-morbus.

Quel est le but que doit se proposer le médecin en présence d'un cholérique ? Ce but est de conduire, le plus promptement, le malade à cet état de réaction où les fonctions organiques reprennent leur cours. Ces moyens

doivent être d'autant plus rapides et énergiques que la maladie ne laisse guère le tems
de chercher à en justifier l'emploi par des
discussions savantes. Le malade souffre, il
faut calmer ses souffrances ; il est faible, il
faut le fortifier ; il est froid, il faut le re-
chauffer ; chez lui la circulation du sang est
interrompue, il faut la rétablir. L'individu
saisi du choléra est pléthorique, je vous l'ac-
corde. Que craignez-vous ?.....Son sang ne
circule pas, il est désoxigéné. Le malade est
sans mouvement fébrile apparent ; et d'ailleurs vous n'obtiendrez point de déplétion ou
plutôt d'émissions sanguines, ni par la phlé-
botomie ni par la piqûre des sangsues. Pourquoi cette horreur pour les moyens émétiques qui remplissent ici un double but ?
l'ipécacuanha surtout(1) celui de débarrasser
les premières voies de ces mucosités blanches
dont l'âcreté cause quelquefois de légères ulcérations, et celui de réagir comme contre-

____

(1) A l'hôpital du Val-de-Grâce, monsieur Gasc a sauvé
onze malades, sur quatorze, essentiellement pris du choléra, par le moyen de l'ipécacuanha.

stimulant, et d'amener ou de provoquer cette diaphorèse tant désirée, qui doit sauver votre malade. Mais, me dira-t-on, pourquoi ces mucosités blanches? seraient-elles âcres? pourquoi leur présence sur la muqueuse de l'estomac serait-elle dangereuse, puisqu'elles ne sont, d'après le professeur Delpech que vous invoquez, que la fibrine du sang soutirée à travers le tissu des veines, et absorbée dans le tube intestinal par une force particulière; d'attraction du principe morbifique, et décomposée par ce même principe? Je répondrai d'abord que l'assertion de M. Delpech est une hypothèse, à laquelle d'ailleurs j'attache un grand poids. M. Delpech assure avec les plus grands médecins d'Angleterre que tout ce qui peut manquer au sang de fibrine, est en raison de la même quantité de ces mucosités qui remplissent le tube intestinal; mais la chose étant, pourquoi cette substance décomposée ne retiendrait-elle pas quelque chose de ce principe particulier qui l'a dénaturée et déplacée? Et pourquoi sa présence qui quelquefois procure en si peu de tems de légères ulcérations à la muqueuse de l'estomac ou aux intestins, ne serait-elle pas une des causes puissantes du désordre des voies digestives et, par là, de la douleur violente que les malades éprouvent à la région épigastrique et abdominale?

A ce moyen interne soutenu par des boissons diaphorétiques, comme des infusions de mélisse et de camomille, de menthe et des fleurs de tilleuls, quelques potions avec l'eau de canelle orgée, le siro pde carabé, d'opium et l'acétate d'ammoniac, nous avons joint les stimulans externes, soit sous la forme de frictions, soit sous la forme de topiques rubéfians ou d'emplastiques vésicans: et quelquefois lorsqu'il y avait persistance dans les symptômes alarmans, nous avons employé les moyens les plus énergiques, comme le cautère transcurrent le long de la colonne vertébrale, le moxa, l'urtication, le fer à repasser brûlant promené sur tous les membres avec l'intermédiaire d'une flanelle; l'application de l'eau bouillante, etc. Dans ces caslà, nous avons aussi donné à l'intérieur le musc combiné avec les **moyens** toniques, tels que le sirop de quinquina **et le** vin généreux, surtout si le malade était tombé dans un collapsus complet. Il nous paraît qu'on pourrait tirer un grand avantage **de** l'électricité. Des bains électriques surtout, où de l'étincelle appliquée à plusieurs reprises, principalement à la région du cœur; la pile galvanique pourrait n'être pas employée sans succès. L'oxigène, soit injecté dans les veines, soit respiré, a été vanté par les médecins anglais et par M. Delpech, **de** Montpellier.

M. Delmas, chirurgien à l'hôpital de Pont-à-Mousson, l'a vu réussir sur un officier de santé du Val-de-Grâce abandonné de **tous** les médecins, et qui était dans un état voisin de la mort.

Un médecin militaire de nos amis nous a assuré avoir retiré de très-bons effets de l'administration soutenue du café; il est certain que l'emploi de cette substance peut activer la circulation du sang, mais je craindrais

son action trop directe sur le système nerveux.

Nous avons employé avec succès , pour
calmer les coliques et arrêter la diarrhée ,
les lavemens avec l'amidon et l'opium, ainsi
que les topiques émolliens sur le ventre : nous
avons placé des vases d'eau tiède et des tu-
bes à vapeur dans le lit de nos malades.

Nous ne condamnons pas , comme nous
l'avons dit plus haut , l'usage intérieur de la
glace ni des boissons froides, mais nous re-
gardons ce moyen, trop souvent répété, comme dangereux. Nous aimons mieux appliquer
la glace à l'extérieur et en frictions, mais
dans certains cas seulement. Ce moyen pour
être efficace doit être long-tems soutenu.

Nous lisons dans un traité sur le choléra ,
imprimé dernièrement à Pétersbourg, et qui
est l'ouvrage de M. Waylep, docteur en médecine de Wilna, que les paysans russes gué-
rissaient bien plus vite que les citadins, et que
chez eux la mortalité était dans une proportion infiniment moindre. On a attribué cette
différence et les guérisons au remède eu

vogue chez les laboureurs russes. Pendant le règne de l'épidémie, lors même qu'ils n'étaient pas atteints, ils buvaient une grande quantité de lait saturé de sulfate de soude ou sel ordinaire de cuisine, qui dans ces climats septentrionaux, est du sel de mine qui est peut-être mélangé avec des substances étrangères. Lorsqu'ilsétaint atteients par la maladie, ils doublalent la dose du sel dans le lait, et n'admettaient aucune autre médication que les frictions excitantes et cette boisson. En Angleterre, des médecins distingués avaient avancé que le sang des cholériques était dépourvu des sels que l'on trouve toujours dans le sang de l'homme, quand il n'a pas subi d'altération, et en conséquence ils proposent d'injecter de l'eau saline dans les veines des cholériques. Cet essai fut tenté quelquefois avec succès par des praticiens de Londres et d'Edimbourg. Avant eux, M. le baron Weily, premier médecin de l'empereur de Russie, avait analysé le sang de plusieurs cholériques, et l'avait trouvé privé de ses sels, du serum et d'oxigène ; mais la perte de l'oxigène est la suite naturelle de celle dn serum, qui facilite son affinité avec le sang, ainsi que son mélange intime. M. Welly approuve et préconise la médication des paysans russes, et il la propose aux gens du monde. Un professeur de Strasbourg recommande l'introduction du sel liquéfié dans les veines. C'est à l'expérience à prononcer.

DE LA PÉRIODE

DE RÉACTION.

Il est très-vrai que l'emploi des moyens que nous venons de détailler n'est que trop souvent inutile et que la maladie marche avec une effrayante rapidité vers une terminaison funeste. Le médecin ne doit pas se décourager; souvent une persistance salu‑taire finit par amener une réaction, et cette réaction arrivée, les principaux symptô‑mes comencent à s'amender. La chaleur re‑vient, la transpiration s'établit, le pouls est relevé, la cianose disparaît peu à peu; alors les vomissemens et les déjections alvines prennent une teinte bilieuse; les crampes sont plus rares et moins douloureuses; les coliques diminuent et les yeux du malade sont moins enfoncés dans leur orbite et re‑prennent de l'éclat, c'est le cas d'arrêter les vomissemens par l'emploi des potions com-

posées avec le carbonate de potasse et le suc
de citron, les eaux de Seltz, les limonades
gazeuses, qui d'ailleurs sont expansives. L'on
doit aussi arrêter la diarrhée par les moyens
indiqués, et qui, administrés dès la première;
période de la maladie doivent être continués
et le médecin doit essentiellement surveiller
la période de réaction. Quelquefois elle est
d'autant plus violente que les moyens que
nous avons emplyés pour l'amener ont été
excitans. Une partie de ces moyens ou de
de ces susbtances qui n'ont d'abord agi que
sur des organes inertes peuvent être con-
servés dans l'estomac. Cet organe reprenant
ses fonctions est trop fortement irrité par
leur action, et peut-être par leur encombre-
ment : alors vous avez à craindre que votre
malade ne passe à l'état d'une gastrite aiguë.

Dans cette période vous avez à craindre
encore la congestion du cerveau, de la poitrine, et même quelquefois celle des intestins. Que l'état de phlegmasie se prononce
à l'estomac, à la tête, ou aux entrailles,
ayez alors recours aux moyens antiphlogis-

ïques, la saignée, les sangsues, les boissons gommeuses, les applications émollientes, les révulsifs, les dérivatifs, etc. Avec de l'attention et de la patience vous sauverez votre malade. Quoi qu'en disent plusieurs médecins qui prétendent seuls au titre de médecins physiologistes eux-mêmes aussi ont été réduits à faire une médecine symptômatique ; ils ont été forcés de convenir que la maladie dont il s'agit était l'écueil de leurs théories, et dans le fond de l'âme ils sont convaincus qu'en médecine comme en politique, l'on est obligé quelquefois à rétrograder.

Pendant la convalescence vous devez surveiller vos malades et craindre les rechutes. Le régime alimentaire doit surtout exciter toute votre attention. Les alimens doivent être légers et de facile digestion. L'estomac du malade a tant souffert qu'il faut lui occasioner le moins de travail possible. Les consommés, les crêmes de riz, de salep, de sagou, le tapioca, conviennent aux conva-

escens; ils doivent respirer un air pur, se
livrer à des distractions agréables et se donner des exercices modérérés comme des oc-
cupations douces et faciles.

DES MOYENS PRÉVENTIFS.

Plusieurs médecins ont préconisé comme moyens préventifs les saignées, avant même que les individus n'eussent éprouvé la moindre atteinte du mal. Ce moyen nous paraît nuisible et dangereux. Nous ne voyons point la moindre nécessité de procurer une évacuation sanguine à une personne qui est dans l'état de santé le plus satisfaisant. La saignée extemporanée et opérée sur l'homme bien portant doit nécessairement amener un trouble considérable dans toutes les fonctions organiques, et surtout dans celles de l'organe de la digestion, et elle peut sous ce rapport devenir une cause prédisposante à la susception de la maladie. Les meilleurs moyens préventifs sont : la tranquillité de l'âme, le courage, la propreté, la sobriété, l'abstinence

des nourritures et des boissons trop excitantes, celle des fruits et des crudités, celle
d'un travail forcé, celle des habitudes vicieuses et des plaisirs sensuels ; enfin il faut éviter les émotions violentes, les emportemens
et les excès de tous genres. Sous le rapport
du régime il serait dangereux de se déranger
jusqu'à un certain point de ses habitudes ;
il faut seulement diminuer un peu la quantité
de sa nourriture et de sa boisson. Dans les
saisons printanière et automnale, il est bon
d'éviter l'impression de l'air, le matin et le
soir, et il faut faire en sorte de conserver
la transpiration ordinaire, surtout si l'on est
dans l'habitude de transpirer. L'usage d'une
ceinture ou d'une camisole de flanelle est
très-efficace ; j'admettrais volontiers celui de
prendre le soir, quelque tems après le repas,
une tasse de thé de bonne qualité, dans lequel on mêlerait une petite quantité de rhum,
et le matin en se levant, une tasse d'infusion
légère de camomille. Les pauvres gens em-
ploieront la camomille seulement.

Pendant le règne de l'épidémie, il est bon

163

de se procurer du chlorure d'oxide de sodium,
ou liqueur de Labaraque', et de faire des
aspersions dans les appartemens avec cette
substance étendue d'une quantité d'eau. Les
personnes appartenant à la classe indigente
laisseront du chlorure de chaux, mêlé d'eau,
dans un vase, afin que le chlore s'évapore
sans cesse et puisse désinfecter leur manoir.
Les garde-malades et les personnes qui seraient obligés de frictionner ou de manier
les individus atteints de la contagion, auront
soin, avant de les toucher, et après, de trem-
per leurs mains dans de l'eau saturée de
chlorure de Labaraque; elles entretiendront
dans leur bouche une substance dont la
présence les forcera sans cesse à évacuer la
salive, qu'il ne faut jamais avaler en pareil
cas ; elles feront en sorte de n'être pas en
état de transpiration trop abondante, et si
cet accident leur arrivait, elles se maintien-
dront dans une atmosphère chaude, ou elles
changeront de linge autant que possible; elles
éviteront de humer la respiration du malade
et les émanations qui s'échappent de son

corps. Celui-ci sera placé dans un lit chaud
et revêtu d'une chemise de flanelle ou de
molleton ouverte sur le devant, et on aura
soin de mettre aux mains des moufles de
laine, et sur la tête un bonnet de la même
étoffe. On doit entretenir dans la chambre
une température de 15 à 16 degrés (1) de
chaleur, au moins, et cette chambre doit
être isolée: on fera également en sorte de
n'y laisser entrer que les personnes les plus
strictement nécessaires au service du malade.

Celui auquel sa fortune et sa position per-
mettront de s'isoler profitera de cette circonstance funeste pour mettre à exécution ses pro-
jets de voyage, s'il en a conçus; mais l'isolement au milieu d'une ville ou d'une localité
infectée est une absurdité, tous les individus

______

(1) Nous rapporterons une anecdote singulière arrivée à
Aire, département du Pas-de-Calais.

Un garçon boulanger fut saisi de tous les symptômes
du choléra, en retirant du four son pain déjà cuit; son
maître le plaça à l'instant dans ce four encore très-chaud,
ayant soin de laisser sa tête hors de l'ouverture. Le malade entra à l'instant en transpiration et le lendemain il
était guéri.

vivant sous l'empire de l'influence épidémique. Dans tous les cas s'exposer à la contagion sans necessité est au moins inutile et toujours dangereux.

AVIS AUX MAGISTRATS.

Les magistrats auront soin d'entretenir la propreté dans les villes et dans les villages. Les rues et les places publiques doivent être balayées tous les jours, mais à des heures où la circulation des citoyens est interrompue.

Dans les villes du nord de la France, les officiers municipaux ont obligé leurs administrés à faire badigeonner à la chaux l'intérieur de leurs maisons.

Ceux qui sont chargés d'appliquer les réglemens de la police et de la salubrité publique ne souffriront point, en tems d'épidémie, des boucheries dans l'intérieur des villes ni des villages; ils obligeront les citoyens à enlever les fumiers, les immondices, et ils feront nettoyer les égoûts; ils tiendront pareillement la main à ce que les vidangeurs n'opèrent leur travail que la nuit et seulement dans le cas d'extrême nécessité. Dans les villes qui sont entourées de fossés ou de canaux, on n'en permettra point le curage; les eaux stagnantes, quelque corrompues qu'elles soient, ne doivent point être vidées, surtout pendant les chaleurs. On ne doit souffrir dans les villes ni des cochons ni des lapins; les chiens et les chats doivent être tenus enfermés. La viande de boucherie doit être scrupuleusement visitée; on doit interdire avec sévérité la vente des fruits qui ne seraient point en parfaite maturité. Les maisons de débauche doivent être sévèrement proscrites et les filles de joie poursuivies avec rigueur. Les cafés, les estaminets, les restaurans et les bouchons doivent être fermés après neuf heures du soir en été, et sept heures dans les autres saisons de l'année, pour les habitans de la localité, afin de les priver des occasions de se livrer à des excès.

Les magistrats tiendront surtout la main à ce que les perturbateurs n'excitent point de séditions ni d'émeutes, rien n'étant plus favorable à la propagation et au déve-

loppement de l'épidémie que cet état d'éréthisme et d'exaltation dans lequel entrent
les populations sonmises à l'empire du dé-
vergondage politique : alors les passions
s'agitent, elles fermentent, et tous les citoyens sortent de l'état de calme si nécessaire pour éviter ce funeste fléau. La haine,
la colère, l'esprit de vengeance agissent sur
les uns, l'épouvante et la terreur frappent
les autres, et tous contractent les conditions nécessaires à la susception de l'épidémie. La recrudescence du choléra éprouvée
par la population de Paris après les affaires
de juin, est un funeste exemple de cette
triste vérité.

Le magistrat aura soin de diriger l'emploi
des aumônes publiques et des secours de
bienfaisance d'une manière utile. Ainsi, il
sera bon de distribuer à la classe indigente
des chemises, des bonnets, des mouflles et
des couvertures de laine, du chlorure de
chaux, de la liqueur de Labaraque, en lui
en expliquant l'emploi. On doit distribuer
aussi du riz, du vin, du bois et du linge.

Autant que possible, dans chaque ville, bourg ou village, il serait bon d'établir d'avance une maison de secours, avec un certain nombre de lits, pour y traiter les malheureux qui dans leur domicile manquent de toutes les ressources. Les revenus des établissemens de charité ne peuvent recevoir une meilleure destination. Dans ces maisons de secours, les médecins trouveraient toutes les ressources rassemblées, et il leur serait bien plus facile de donner des soins assidus à des malades réunis que s'ils étaient isolés dans un grand nombre d'habitations. Dans les villes ou les localités qui renferment plusieurs personnes exerçant l'art de guérir, le magistrat devra constamment obliger l'une d'entre elles, et à tour de rôle, à se tenir à l'hôtel de la commune, afin d'être à portée de donner des secours là où ils seront réclamés. Dans les villes qui manqueront d'officiers de santé, on donne aux magistrats le conseil d'en réclamer au ministère de la guerre. Cette mesure a été d'une grande utilité dans les départemens de l'est et du nord de la France, où les officiers de santé militaires ont montré le dévoûment le plus noble et le plus généreux, et ont obtenu les plus brillans succès.

On sait que les efforts de la charité ont été sublimes dans toutes les localités qui ont été affligées de cette affreuse peste. Les personnes riches des lieux qui n'ont pas été atteints rivaliseront de zèle et de bienfaisance avec celles qui se sont déjà livrées à l'impulsion de la plus noble des vertus.

Dans la capitale de l'Ecosse, tous les malades, même ceux qui appartenaient aux plus hautes classes de la société, furent, lors de l'épidémie, transportés dans des maisons de secours isolées, où les hommes de l'art et les agens du service de salubrité se mirent en quarantaine avec eux. C'est par l'isolement que l'on parvint en peu de tems à se rendre maître de l'épidémie. Par l'isolement, les foyers particuliers d'infection ou de contagion sont détruits, et cette sage mesure est peut-être le plus sûr moyen d'arrêter les progrès du fléau. On conçoit combien ces séparations sont affligeantes pour les familles, mais il est des cas où la raison publique doit triompher des affections particulières. En France nous avons du chemin à faire pour parvenir, sous ce rapport, au degré de perfection de police administrative qu'ont atteint nos voisins d'outre-mer. Chez nous la proposition de l'autopsie d'un cadavre indignerait une famille ; en Angleterre l'autopsie des morts est sollicitée par les parens dans l'intérêt de tous. Du reste on ne saurait trop recommander à ceux qui exercent l'art de guérir de faire autant d'autopsies qu'ils pourront : c'est par la nécroscopie qu'on parvient à la connaissance des vérités physiologiques.

C'est en remplissant ainsi les devoirs de sa place, qu'un magistrat vertueux justifiera la confiance du gouvernement, et parviendra à s'attirer l'estime, la considération et la reconnaissance de ses concitoyens.

AVIS AUX ECCLÉSIASTIQUES.

Nous devons aussi un tribut d'admiration au clergé français pour le noble dévoûment et l'immense charité qu'il a déployés dans cette triste circonstance. Loin de nous la pensée que les prêtres de notre patrie puissent dédaigner quelques conseils salutaires !

Nous engageons MM. les desservans à faire suspendre l'usage des cloches pour les cérémonies funèbres, qui doivent être faites sans concours, sans publicité et le plus brièvement possible. Nous les engageons pareillement à rassembler les fidèles le plus rarement qu'ils le pourront, pendant l'épidémie, et à les retenir peu de tems aux offices. Si la mortalité était considérable, il serait bon de ne point faire transporter les cadavres dans les églises où, dans tous les cas, ils ne devront rester exposés que quelques instans. Les vertus du clergé nous dispensent de lui adresser des conseils d'une autre nature : à lui seul appartient de prêcher une morale qu'il sait si bien pratiquer.

Bons habitans de mon pays, c'est vous que j'ai en vue, lorsque je trace ces lignes. Je ne me suis appliqué à acquérir quelque expérience dans le traitement de la funeste maladie qui vous menace, que pour accourir auprès de vous au jour du danger, et vous prodiguer des soins qui, je l'espère, ne seront pas sans succès. Oui, j'en jure votre souvenir chéri, le plus beau jour de ma vie sera celui où je pourrai dire : J'ai arraché à la mort le labonreur des montagnes de mon pays natal ; j'ai mérité la bénédiction du père de famille, et mon nom, comme celui de mes pères, est prononcé par le bon habitant du Rouergue avec l'accent de la reconnaissance.

J'ose solliciter l'indulgence des hommes célèbres à qui je prends la liberté d'adresser un Mémoire bien incomplet. Si pour m'associer à ce corps illustre qui fait une des gloires de ma patrie, il ne fallait que du dévoûment, du courage et l'envie de bien faire, je croirais mériter les suffrages ; mais je sens mon insuffisance sous tant d'autres rapports. Dans tous les cas, si l'Académie royale de médecine daigne récompenser, par le titre de Membre correspondant, celui d'entre les médecins militaires français qui a combattu le premier le choléra-morbus sur la terre de France, fier d'une distinction si flatteuse, j'irai déposer ma couronne aux pieds de mon vieux père, et je serai heureux de lui offrir le prix glorieux d'un grand nombre d'années de service, qui n'ont pas toujours été perdues pour l'humanité.

CONSIDÉRATIONS GÉNÉRALES

ET

OBSERVATIONS PARTICULIÈRES.

Au moment où nous terminons ce Mémoire, le choléra-morbus vient de se prononcer dans la ville de Pont-à-Mousson, que nous habitons. Il y a déjà eu un assez grand nombre de malades : les dix premiers, traités d'après la méthode antiphlogistique, par M. le docteur Marchal, ont péri ; le onzième, traité par la méthode contraire, par M. Hériot, a également péri ; mais on doit observer que les prescriptions n'ont pas été exécutées, et que ce malade était livré aux soins d'un vieillard faible et souffrant lui-même ; d'ailleurs la présence du médecin n'a été réclamée qu'après quatorze heures d'invasion spontanée(1). Nous avons vu nous-memes ce mal-

____

(1)Depuis que ces pages sont écrites nous avons eu a traiter à Pont-à-Mousson , quatorze cholériques, nouvellement

heureux avec nos camarades, et nous avons trouvé le traitement appliqué très-convenable.

Les bourgs et les villages du département de la Moselle, de la Meurthe et de la Meuse ont été en proie depuis quelque tems, et les uns après les autres, aux plus affreux ravages de cette maladie pestilentielle. Il en existe dans lesquels il a péri la moitié de la population, dans d'autres le tiers. On cite un grand nombre de familles chez lesquelles les petits enfans ont seuls été épargnés. Le bourg de Dieulouard sur la Moselle, Corni, Lorry, Louvigni, le Ban-Saint-Pierre et le Ban-Saint-Martin près de Metz, sont dépeuplés. Aux environs de Verdun dans la Meuse les habitans ont fui dans certaines localités, et l'on a été obligé d'envoyer de la troupe pour faire les moissons. Les faits les plus positifs en faveur du système de la contagion nous

atteints. Nous n'en avons perdu qu'un seul. Ils ont tous été traités par la méthode pertubatrice et excitante. Messieurs Moigne et Jousselier, officiers de santé militaires, en ont aussi guéri plusieurs par la même méthode.

arrivent de toutes parts. Partout la jeune fille qui a soigné son père ou sa mère est morte immédiatement après ses parens. M.lle Juda, fille de M. le pharmacien principal de l'hôpital militaire d'instruction de Metz, qui n'a pas quitté un instant son père pendant sa maladie, ne lui a survécu que d'un jour; le père est mort après douze heures d'invasion, et la fille après six heures. Ce même fait s'est renouvelé dans presque toutes les familles à Metz, à Bar-le-Duc, à Thionville, à Verdun, etc.

M. Geoffroy, ancien chirurgien-major des armées, qui pratique la médecine à Chalonbourg nous a cité un fait des plus concluans en faveur de l'opinion contagioniste. Une jeune femme mourut du choléra et recommanda à son mari d'envoyer ses habits à une sœur qu'elle chérissait et qui demeurait à 10 lieues de chez elle, dans un village où l'épidémie n'avait pas pénétré. Le mari exécuta la volonté de sa femme; mais à peine la sœur de la défunte, qui n'avait point quitté son village, se fut-elle revêtue de sa dépouille qu'elle fut saisie du choléra qui, dans quelques heures, la conduisit au tombeau avec cinq membres de sa famille; et de ce triste manoir il s'élança sur le village, où il fit de nombreuses victimes. Nous connaissons des médecins, dans cette contrée, qui sont allés dans des localités pour étudier le choléra, et qui en ont été saisis : de ce nombre sont MM. Hériot et Geoffroy dont nous venons de parler. Nous avons vu M. le chirurgien aide-major de notre hôpital aller au secours de M.me sa mère, en proie, à Metz, aux souffrances du choléra, être atteint lui-même et payer ainsi à la contagion la noble dette de la piété filiale. Cette excellente mère fut sauvée par son fils auquel la Providence devait un miracle. Il a été conservé à notre amitié par les soins de M. Henaut, l'un des chirurgiens – majors, professeur de l'hôpital militaire d'instruction de Metz.

On vient de nous instruire d'un fait des plus concluans en faveur du système des contagionistes.

Le 22 août courant, six militaires at-

teints furent portés à la salle des cholériques de l'hôpital militaire d'instruction de
Metz, et ils moururent dans la journée. Il
existait dans la salle depuis deux jours un
malade cholérique qui commençait à éprou-
ver l'efficacité des remèdes employés. La
mort de ses camarades le frappa d'épouvante, et le médecin militaire qui le soignait,
ne croyant pas au principe contagieux de la
maladie, le fit transporter à la salle n° 8, qui
renferme 150 lits. Depuis cette époque, tous
les jours, divers cas de choléra se déclarèrent
dans cette salle jusqu'à la fin de l'épidémie.

Il nous arrive tous les jours une foule de
renseignemens ou de faits positifs qui sont
autant de preuves en faveur du système de
la contagion ; en vérité l'on serait tenté de
croire qu'il y a de la mauvaise foi chez les
médecins qui soutiennent l'opinion contraire
avec une opiniâtreté qui aujourd'hui paraît
étonnante et qui finira par être ridicule.
Parmi les faits dont nous parlons et dont nous
pouvons garantir l'authenticité, choisissons
les plus saillans.

Le nommé Colin, du village de Mars-la-Terre (Moselle), va voir un de ses amis atteint du choléra, dans un village assez éloigné du sien où la maladie n'a pas encore fait irruption. En revenant il se sent malade, il redouble le pas, arrive et tombe mort devant le seuil de sa porte ; ce malheureux est horriblement défiguré. La terreur s'empare des habitans de Mars-la-Terre, et le fils de Colin est seul pour transporter son père dans un lieu décent, le revêtir du triste suaire et l'ensevelir de ses mains pieuses. A peine a-t-il rendu ce pénible et dernier devoir à l'auteur de ses jours, qu'il tombe malade et meurt lui-même au bout de quelques heures. Sa mère infirme lui a donné quelques secours ; la cruelle maladie l'a saisie aussi, et avant la fin de la journée elle a cessé d'exister. Deux malheureux enfans en bas âge, seuls restes de cette famille infortunée, ont été recueillis malades par des âmes charitables, et on espère les sauver.

Un ancien boucher de Goderville (Meurthe), dont nous avons oublié le nom, a offert l'exemple de spontanéité le plus terrible, dont on ait encore entendu parler. Ce malheureux, en entretenant des personnes avec qui il était en affaire, fut saisi de crampes violentes ; ses membres se roidirent à l'instant ; ses muscles se contractèrent ; son visage devint cianosé et grippé ; ses yeux fixes et ternes. Il s'écria : Je meurs, et il expira. Les assistans effrayés fuirent cet affreux spectacle. Son fils resta seul pour l'emporter et lui rendre les derniers devoirs. Ce malheureux jeune homme est mort lui-même, victime du noble sentiment de la piété filiale, qui lui a fait braver la contagion.

Le choléra n'était pas non plus à Goderville, mais le vieux boucher venait de Toul où régnait l'épidémie.

Le maire de Saint-Nicolas, petite ville près de Nancy, avait été voir un de ses amis atteint du choléra dans cette dernière ville. Rentré chez lui, il tombe malade et meurt. Plusieurs membres de sa famille sont également frappés et succombent, et le choléra s'établit à l'instant dans le malheureux bourg.

de Saint-Nicolas, où la moitié de la population a déjà péri.

Un mendiant arriva ces jours derniers au village de Montoville, près de Pont-à-Mousson ; il parlait du choléra comme quelqu'un qui ne le craint point, et se moquait de la terreur des villageois qui n'ignoraient pas les ravages que cette funeste maladie avait exercés dans les villages voisins ; il affirmait avoir plusieurs fois couché dans des lits où des cholériques avaient expiré, et il disait · « Si la maladie est contagieuse, pourquoi n'ai-je point été victime ? » Le choléra le surprit le 10 septembre courant et il périt dans quelques heures. Le lendemain, vingt individus eurent le choléra à Montoville et furent victimes du fléau. Dans le moment actuel, 15 septembre, la moitié des habitans du village sont atteints du choléra ; et comme dans toutes les localités rurales, où les gens de l'art et les moyens de secours manquent absolument, ces pauvres villageois meurent presque tous victimes de l'épidémie.

Hier, 14 septembre , le nommé Nicolas Thomassin, de Pont-à-Mousson, charpentier, qui avait travaillé à Montoville pendant toute la journée du 13 , rentra chez lui indisposé , à dix heures du matin. A onze heures, il était en proie à tous les symptômes du choléra. Appelé auprès de lui, dès le moment de l'invasion , nous le trouvâmes dans la période algide. Le traitement éclectique, par les moyens excitans à l'extérieur et contre-stimulans expansifs à l'intérieur, lui fut immédiatement appliqué avec vigueur ; au 15 , la réaction est parfaitement établie et le malade est hors de danger.

Dans le mois d'avril dernier , la ville de Metz ne voulut point recevoir le 52e régiment de ligne, venant de Paris, pour y tenir garnison. Ce régiment avait éprouvé l'influence de l'épidémie dans la capitale et dans sa route, il avait perdu plusieurs hommes frappés par le choléra.

Ce régiment fut envoyé à Verdun où le choléra n'avait pas encore fait son apparition ; à l'arrivée de ce corps, l'épidémie

se logea dans la place et y fit d'affreux ravages qui ont duré plus de quatre mois. Je
ne sais où l'on pourrait chercher des preuves
plus évidentes d'importation.

A Pont-à-Mousson, nous avons vu périr,
dans 15 jours, tous les membres de la famille
Colin, le père, un fils, une fille et la mère.

On a fait souvent une objection contre le
système de la contagion, tirée d'une bizarre-
rie apparente de la maladie. Il me paraît que
la réflexion fait trouver, dans l'examen de
cette objection, une nouvelle preuve en faveur du système de l'infection ou de la contagion, que je ne sépare point l'un de l'autre.

Dans plusieurs villes et notamment à Metz,
on a vu dans certaines rues les habitans
d'un seul côté être atteints du choléra-morbus, maison par maison, et l'une après l'autre, tandis que les maisons du côté opposé
n'avaient pas un seul malade; d'abord l'assertion est exagérée, quoiqu'on l'ait affirmée
et imprimée à Metz; je m'en suis convaincu
par moi-même : mais en supposant qu'elle
fût vraie, n'existe-t-il pas dans presque toutes

les maisons des issues connues ou cachées, des portes de communication, qui permettent à l'air renfermé dans une maison de passer dans une autre? Et ensuite, ces animaux qui sont sans cesse en contact avec l'homme ou ses vêtemens, les restes de sa nourriture, son linge souillé, enfin, avec tous les objets essentiels à son usage, les chiens, les chats, les souris ne pénètrent-ils pas sans cesse d'une maison dans une autre? Les souris, par exemple, ne quittent jamais les mêmes lignes de maisons, et elles savent elles-mêmes se pratiquer des issues d'une habitation dans une autre; elles n'épargnent pas plus le suaire du cholérique mort que la nappe somptueuse du sybarite, qu'elles vont quelquefois ronger, après avoir dévoré la dernière dépouille du malheureux étendu sur son lit de mort. Les chats franchissent rarement les rues, d'un côté à l'autre, mais ils vont dans les maisons latérales par droit de bon voisinage. Le chien quitte rarement son maître malade. On me dira : « Pourquoi ces animaux ne meurent-ils point du choléra? » Je répondrai d'abord qu'il est difficile de savoir s'ils meurent du choléra ; on ne connaît pas l'infirmerie des souris, et celle des chats est ordinairement sur les goutières ; ensuite, je demanderai pourquoi la noix vomique empoisonne-t-elle les quadrupèdes et non pas les hommes ? N'est-ce pas une preuve de la différence de notre organisation avec celle de ces animaux ? Nous avons vu des médecins qui croyaient avoir observé le choléra sur une poule et même sur un serin. Il me semble qu'il est plus utile et surtout plus intéressant de l'observer sur l'homme.

Les médecins non contagionistes ne cessent de vous dire : Si la maladie était contagieuse, j'en serais atteint, moi qui soigne des malades. 'Dabord, attendez, vous n'avez pas réglé vos comptes avec elle ; et ensuite, ne puis-je pas vous répondre ? Si elle est dans l'air, pourquoi toutes les créatures animées ne la respirent-elles pas ? Il est certainement bien plus aisé de se soustraire à la contagion par l'isolement qu'à l'épidémie. Est-ce pour me rassurer que vous me dites que le cho-

léra n'est pas contagieux ? Je vous répondrai avec le savant Lafon-Gouzy *La belle
manière de rassurer quelqu'un, que de lui
dire que l'air qu'il respire est empoisonné !...
Du reste, il n'est malheureusement que trop
vrai que les deux opinions de l'épidémie et
de la contagion ne doivent pas être séparées
l'une de l'autre.

DES INFLUENCES

ATMOSPHÉRIQUES ET DES COMPLICATIONS DU CHOLÉRA.

L'on ne saurait nier l'influence des variations atmosphériques dans l'épidémie dont nous nous occupons. On l'a vue se développer et prendre un accroissement funeste à la suite d'un changement brusque de la température du froid au chaud, du sec à l'humide, et réciproquement, comme on l'a vue cesser subitement à la suite d'un ouragan. C'est ce qui est arrivé dans plusieurs localités, sur les bords de la Moselle, dans le mois de juillet dernier; mais c'est surtout lorsque l'air est chargé d'électricité, lorsqu'un orage éclate sur une localité empestée, que l'épidémie s'étend et que les symptômes s'aggravent chez ceux qui en sont atteints. En général, l'électricité répandue dans l'air est favorable surtout au développement des

fi èvres pernicieuses, dans lesquelles le système nerveux est si éminemment intéressé.
Pour la première fois, nous avons constaté,
il y a quelques jours, trois observations qui
nous ont convaincu de la vérité des assertions de M. le docteur Alibert, de Paris, qui
affirme avoir vu des fièvres pernicieuses cholériques. Pendant un tems orageux qui a
marqué les derniers jours du mois d'août et
les premiers jours de septembre, trois des
vénériens de notre hôpital ont eu des accès
de fièvre pernicieuse avec des symptômes
prononcés de choléra, comme vomissemens,
crampes, stase dans la circulation du sang,
commencement de cianose et de refroidis-
sement, et sur l'un d'entre eux, froid de l
langue et de la respiration; le premier a été
sauvé par des saignées abondantes, des applications de sangsues et l'administration du
sulfate de quinine. Le second est mort au
troisième accès, et le troisième, celui qui
paraissait le plus gravement atteint, a été
également sauvé par les saignées et le quinquina. Le premier n'en avait eu qu'un. Il est

remarquable que les symptômes du choléra observés sur le dernier disparurent avec le premier accès et se renouvelèrent au se-cond.La fièvre pernicieuse est la seule affec-tion que nous avons vue se compliquer des élémens du choléra en gardant son caractère primitif; nous avons vu au contraire le cho-léra envahir des individus atteints d'autres affections dont les symptômes disparais-saient entièrement pour livrer l'individu à l'empire exclusif du tyrannique fléau. En résumant, nous pouvons établir une suite de propositions qui découlent naturellement des faits que nous venons d'établir.

Le choléra avait éclaté en France avant de faire son irruption à Paris.

La maladie a été importée.

Elle est épidémique et contagieuse.

Elle admet tous les modes de transmission.

Mais il faut, pour en être atteint, remplir des conditions de susception.

Elle se développe sous toutes les tempé-ratures.

Elle attaque principalement les classes indigentes, mais elle s'étend aux classes élevées lorsqu'elle a acquis un certain degré d'intensité.

On peut l'éviter par l'isolement et par les moyens hygiéniques, physiques et moraux.

On peut parvenir à guérir le cholérique à quelque degré d'intensité qu'il soit atteint.

La méthode perturbatrice, excitante et contre-stimulante, est plus efficace que la méthode debilitante.

Celle-ci est nuisible, employée dans la période algide.

Le véritable choléra ne se constitue que de deux périodes, celle du froid et celle de réaction, ou du retour de la chaleur et des fonctions organiques.

Le principe morbifique du choléra est inconnu.

Son premier mode d'action est également inconnu.

La période des prodromes, que quelques-uns ont appelé première période de la maladie, ou cholérine, peut exister seule et ne pas amener à la période algide , lors même que le malade aura été négligé.

La cholérine n'est que le choléra lui-même, moins intense. Les antiphlogistiques sont utiles et même indispensables dans la cholérine.

La convalescence ne forme pas une période de la maladie.

Une volonté ferme , accompagnée d'une grande énergie physique et morale, peut vaincre le choléra.

Les fiévres tiphoïdes , les phlegmasies internes, les fièvres muqueuses , compliquent le eholéra ; mais ce n'est jamais qu'à la période de réaction , et lorsque les symptômes de l'affection cholérique disparaissent. Ces diverses affections doivent alors subir le traitement qui leur est propre.

Les fièvres ataxiques , pernicieuses, survenues sous l'influence épidémique du choléra , peuvent se compliquer de l'élément cholérique , sans rien perdre de leur caractère primitif.

Le médecin doit être assidu auprès des

malades cholériqnes. De cette grande assi-
duité seule dépend souvent le salut de ses
malades.

La moindre négligence dans l'exécution
des prescriptions entraîne la mort.

Le magistrat doit veiller aux moyens de
haute police médicale et d'hygiène ou de
salubrité publique. Toute son attention doit
se porter à ce que les foyers de contagion
soient réduits au moindre nombre possible.
De là, l'utilité des maisons de secours; sans
l'exécution de cette sage mesure, chaque famille peut fournir un foyer de contagion.
De là, l'effrayante mortalité qui **a** dépeuplé
certaines villes, où ces précautions avaient
été négligées. Les inhumations doivent être
promptes, autant que possible, et faites avec
précaution. La nuit conviendrait mieux que
le jour.

ERRATA.

NOTES.

Première lettre de monsieur le docteur Pariset, secrétaire perpétuel de l'Académie royale de Médecine, à monsieur Delpech de Frayssinet, médecin des armées.

Monsieur et honoré confrère,

J'ai reçu et présenté à l'Académie votre excellent Mémoire sur le choléra, elle me charge de vous en témoigner sa satisfaction. Je ne puis et ne dois, quant à présent, vous en dire davantage, mais j'aurai soin de vous instruire à tems des décisions de notre corps par rapport à votre doctrine et aux renseignemens précieux que vous avez bien voulu nous transmettre.

Recevez, etc.

PARISET.

Deuxième lettre.

Monsieur et honoré confrère,

Votre Mémoire sur le choléra-morbus n'a pas été remis, et n'a pu l'être, à monsieur Esquirol, parce qu'une commission nommée par l'Académie est chargée de l'examen de toutes les pièces qui lui sont transmises sur cette cruelle maladie.

Par la lecture de la première partie de votre Mémoire, j'ai cru apercevoir que vous considérez le choléra comme transmissible. Vous attachez la même idée à la fièvre jaune et à la peste. Je me félicite de m'accorder avec vous sur ce point : on est pointilleux sur des détails, et on perd de vue le grand fait de la marche du choléra sur le globe, par les hommes et les effets. Et quant aux détails eux-mêmes, si tous les observateurs avaient mis à les rechercher la même exactitude et le même soin que monsieur le docteur Delpech de Frayssinet, on les connaîtrait dans leur succession véritable, et on en tirerait des conséquences tout opposées à celles que certains en ont déduites. Finalement, une maladie qui entrant dans une famille en attaque tous les membres, pour ainsi-dire, l'un après l'autre, par une propriété qu'on ne rencontre point dans les maladies ordinaires, est nécessairement une maladie qui se transmet par contagion.

Agréez, monsieur et honoré confrère, mes salutations bien cordiales,

PARISET.

Ce Mémoire n'était pas d'abord destiné à l'impression, ce sont les instances réitérées de plusieurs de mes amis, notamment de monsieur le docteur Bouchet, de Lyon, l'une des célébrités médicales de la France, qui m'ont déterminé à le livrer à l'impression. Je l'ai écrit sans amour-propre, je le livre sans prétention.

FIN.